云计算技术实践系列丛书

U0218038

RHEL8 系统管理
与性能优化

滕子畅　编著◎

电子工业出版社·

Publishing House of Electronics Industry

北京 · BEIJING

内 容 简 介

本书旨在为 Linux 系统管理员或相关从业者介绍基于 RHEL8 版本的系统管理知识。RHEL8 是美国红帽软件公司于 2019 年 5 月发布的最新版本的 Linux 系统。本书主要从入门的角度为读者介绍 Linux 系统管理的相关内容，同时对 RHEL8 中的最新特性，如 yum4、stratis 卷管理等加以详细讲解，让读者能够及时把握最新技术。本书的一大亮点是加入了一些与性能相关的知识点，如进程调度、内存回收等。

本书分为 16 章，从 Linux 系统的历史开始讲解。本书适合对 Linux 系统感兴趣的新手使用，也适合有一定工作经验的运维人员阅读，还可供想获得红帽相关认证的读者作为参考资料。

图书在版编目（CIP）数据

RHEL8 系统管理与性能优化 / 滕子畅编著. —北京：电子工业出版社，2021.6
（云计算技术实践系列丛书）

ISBN 978-7-121-41294-3

Ⅰ.①R… Ⅱ.①滕… Ⅲ.①Linux 操作系统 Ⅳ.①TP316.85

中国版本图书馆 CIP 数据核字（2021）第 105968 号

责任编辑：刘志红（lzhmails@phei.com.cn）　　　　特约编辑：王　纲
印　　　刷：三河市鑫金马印装有限公司
装　　　订：三河市鑫金马印装有限公司
出版发行：电子工业出版社
　　　　　北京市海淀区万寿路 173 信箱　邮编　100036
开　　本：787×980　1/16　印张：12.5　　字数：320 千字
版　　次：2021 年 6 月第 1 版
印　　次：2021 年 6 月第 1 次印刷
定　　价：89.00 元

凡所购买电子工业出版社图书有缺损问题，请向购买书店调换。若书店售缺，请与本社发行部联系，联系及邮购电话：（010）88254888，88258888。

质量投诉请发邮件至 zlts@phei.com.cn，盗版侵权举报请发邮件至 dbqq@phei.com.cn。

本书咨询联系方式：（010）88254479，lzhmails@phei.com.cn。

序

前几天，滕老师找到我，希望我帮他的新书作序。翻了滕老师的书稿，我想起了自己之前那些年讲过的课、整理过的素材。

感觉过去这些年最大的变化是大家对开源（Open Source）的认知，从原来绝对的小众到目前的标配。不同之处是企业从原来的不知道、不信任开源技术，到如今越来越多地采用开源方案，走在数字化转型的路上。相同之处是从事培训的人面对的永远是大量对开源尚不了解的年轻人。从事开源相关工作久了，人以群分，身边的同事和朋友大多在开源这个圈子，大家每天都在不同维度研究和推广开源，分享自己的所得。

随着开源技术得到越来越广泛的应用，相关的研究书籍也层出不穷，涉及技术、社区、市场、法律等。本书侧重于 Linux 系统管理方面，在讲解的同时配以大量的操作实例，相信这也是滕老师对自身多年教学经验的总结和分享。对众多 IT 新技术而言，Linux 系统无疑是软件的底层，而 Linux 的相关操作是其他技术操作的基础，希望开源技术的学习从这里开始。

红帽软件有限公司培训部渠道经理　　淮晋阳

前　言

为什么要出版本书？

今年是 2021 年，算起来我已经接触 Linux 系统近十年时间，因此想对自己过去这段时间的人生经历以图书的形式做个小小的总结。这些年，我的主要工作是做红帽认证和 Linux 技术的相关培训。在工作过程中有很多零基础或基础比较薄弱的学员提出 Linux 入门比较困难，因此在撰写本书时，我时刻提醒自己站在他们的角度去思考问题。为避免枯燥的理论和大段文字性的描述，我采用理论和实验相结合的方式来完成本书。

为什么选择 RHEL8 版本？

众所周知，红帽公司一直是开源 Linux 业界的领头羊，无论是最近几年成功收购了 Ansible 后自主研发的 Ansible Tower，还是基于 Docker 和 Kubernetes 研发出来的 OpenShift PaaS 云平台，都在业界掀起了不小的风波。因此，对于刚刚接触 Linux 的读者来说，选择一款市场占有率高的发行版本无疑能增强学习的保障性。RHEL8 是红帽公司于 2019 年推出的 Linux 系统，在完成本书时，最新的发布版本为 8.3。

目前，市面上介绍 RHEL8 技术的书籍还很少，读者在工作中可能会涉及最新的特性或知识，这也促使我选择基于 RHEL8 来完成本书的撰写。

本书的主要目的是介绍 Linux 系统管理的相关内容，因此安装 Linux 系统等内容并不在本书的讨论范围内。这部分内容在很多图书或网络资料中均有介绍。

为什么要学习 Linux？

如今 Linux 系统无处不在，小到人手一台的智能手机，大到云计算和大数据平台，其中都涉及 Linux 系统。无论从事软件开发还是系统运维，读者都会在工作环境中用到 Linux 系统。本书将帮助大家掌握它。

本书适合的读者？

关注本书的主要是 Linux 系统管理员和运维工程师。开发人员也可以从本书中获取知识。虽然本书是基于 RHEL8 撰写的，但书中的内容对于生产环境中的其他发行版本却是通用的，毕竟 Linux 是开源的，很多命令、概念和原理都是相通的。

阅读本书并不需要预先了解 Linux 系统的基本知识。本书适合零基础的初学者，以及有一定相关经验的人员。在阅读本书时，读者可以根据书中的案例进行演练。

由于我才疏学浅，书中难免存在不妥之处，还望读者批评指正。

作　者
2021 年 5 月

目　录

第 1 章

Linux 介绍及命令行访问系统

近些年，大数据、云计算等成为最火热的名词，在这些新兴 IT 技术的背后，都有 Linux 基础平台系统。随着各个领域对信息化的依赖，Linux 也彰显出它独有的魅力，越来越多的 IT 从业人员开始接触和深入学习 Linux 系统。

作为一个 Linux 从业者，有必要了解 Linux 系统的发展史，所以本书开篇就对此进行简单的介绍。

1.1 Linux 系统的发展史

1969 年，贝尔实验室的研究员肯·汤普森使用 B 语言成功开发出了 UNIX 系统，其目的是玩他自己开发的一款"星际旅行"游戏。同年，Linus Torvalds 出生。

1972 年，丹尼斯·里奇成功编写出计算机史上最重要的开发语言——C 语言。

1973 年，肯·汤普森与丹尼斯·里奇强强联手，使用 C 语言重写了 UNIX 系统。从此，各种版本的 UNIX 系统应运而生，如伯克利大学的 BSD 系统。

1983 年，Richard Stallman 公布了一项名为 GNU 的计划。该计划的目标是创建一套完整、自由的操作系统。作为计划的一部分，他又编写了 GNU 公共通用许可（GPL），即自由软件允许其他人复制、修改和销售。GNU 计划使用一头角马的头像作为 Logo，如图 1-1 所示。

图 1-1　GNU 计划的 Logo

1991 年，Linus Torvalds 还是芬兰赫尔辛基大学的一名在校生，因不满意教学机器系统，他完成了 Linux 内核的开发并在互联网上公开发布，还选用企鹅作为 Linux 的吉祥物。但此时的 Linux 只是一个内核（Kernel），后来与 GNU 下的各种开源软件结合后，才真正成为操作系统，如图 1-2 所示。

图 1-2　GNU 和 Linux 的结合

在 RHEL7 发布近 5 年后，红帽公司于 2019 年推出了 Red Hat Enterprise Linux 8（RHEL8）。红帽公司表示："RHEL8 是为云时代重新设计的 OS，从 Linux 容器、混合云到 DevOps、AI，RHEL8 不仅在云中支持企业 IT，还帮助这些新技术蓬勃发展。"

不难看出，红帽公司在打造下一代操作系统时，直接定位到了云这一关键领域。

1.2　RHEL8 的新特性

与上一个版本相比，RHEL8 具有很多新特性，在内核版本和支持的 CPU 架构、桌面环境、联网、虚拟化等方面都有不同程度的改进。下面进行详细介绍。

1. 核版本和支持的 CPU 架构

（1）RHEL8 采用 Fedora 28 和上游 Linux 内核 4.18 版本。

（2）支持的 CPU 架构有 AMD 和 Intel 64 位架构、64 位 ARM 架构、IBM Power Systems。

2. yum 与软件包内容分发

（1）RHEL8 中采用 yum4，yum4 基于 dnf 技术，同时 yum 命令作为 dnf 命令的软链接被继续使用。

（2）在软件包内容分发方面，RHEL8 提出了两种存储库：BaseOS 存储库和 AppStream 存储库。BaseOS 存储库以传统 RPM 包的形式提供底层核心 OS 内容。AppStream 存储库提供超出 BaseOS 可用范围的附加功能。因此，在配置本地软件包仓库时，需要分别对两种存储库进行配置（后续章节将进行详细介绍）。

3. 桌面环境

（1）RHEL8 默认使用的桌面环境为 GNOME 3.28。

（2）GNOME 默认使用 Wayland 作为显示服务器，而不再使用 X.org 服务器。

4. 联网

（1）firewalld 默认使用 nftables 作为后端。

（2）NetworkManager 是默认的网络服务。

（3）nftables 取代 iptables 成为默认的网络包过滤工具。

5. 虚拟化

（1）支持使用 Web 控制台（也称 Cockpit）创建和管理虚拟机。

（2）QEMU 仿真器引入了沙盒特性，该特性为 QEMU 可以执行的系统调用提供了可配置的限制，从而使得虚拟机更加安全。

1.3　命令行及常用命令的使用

　　Linux 系统经过多年发展，桌面环境变得更加绚丽，并且增加了不少优秀的 GUI 工具，但要想深入 Linux 核心领域，还是需要熟练掌握命令行。

　　进入命令行界面主要有以下两种方式。

　　（1）字符界面登录方式：默认开机后直接进入 CLI 界面。

　　（2）虚拟控制台方式：在 GNOME 环境中选择"Terminal"选项，调出虚拟终端，如图 1-3 所示。

　　学习 Linux 操作其实就是学习各种命令的使用，通过各种命令来完成不同的任务。在学习命令操作之前，有必要了解命令行的构成。虚拟终端由 Shell 程序提供。Shell 有很多种类，Linux 中默认使用的是 Bash Shell。

　　不同的用户在登录系统时，Shell 的提示符也不同。如果是普通用户登录，则提示符为"$"。

[edward@localhost ~]$

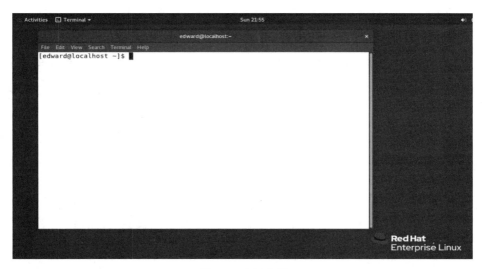

图 1-3　虚拟终端

如果是 root 用户（系统管理员）登录，则提示符为 "#"。

[root@localhost ~]#

如何在 CLI 界面中输入命令呢？这就需要学习命令的语法格式。Bash Shell 语法格式通常由命令、选项、参数这三部分组成。

"命令"非常好理解，就是后面各个章节要介绍的不同命令。"选项"和"参数"可有可无。"选项"是为了扩充"命令"的功能而存在的。

当"选项"为一个字母时，前面要加一个连字符 "-"；当"选项"为一个单词时，前面要加两个连字符 "--"。如果有多个字母同时作为"选项"，则可以在所有字母前面只加一个连字符，如 "-abc"，也可以写成 "-a -b -c"。

注意，"命令""选项""参数"之间至少要有一个空格。这是很多初学者容易忽略的地方。下面通过例子来说明命令的语法格式。

当运行 ls 命令时，会列出当前目录下的内容。其中，anaconda-ks.cfg 和 initial-setup-ks.cfg 是两个文件的名称。

```
[root@localhost ~]# ls
anaconda-ks.cfg  initial-setup-ks.cfg
```

但 ls 命令只是简单地把当前目录下文件的名称显示出来，如果想查看两个文件的属性信息，就必须为 ls 命令追加一个"-l"选项（通过 man 查询 ls 命令的帮助信息）。

```
[root@localhost ~]# ls   -l
total 8
-rw-------. 1 root root 1397 Jan 22 21:06 anaconda-ks.cfg
-rw-r--r--. 1 root root 1552 Jan 22 21:14 initial-setup-ks.cfg
```

可以看到，还是刚才那两个文件，但这时把这两个文件的名称及属性信息同时显示出来了。因此，"-l"选项的作用是扩展 ls 命令的功能。

那么，"参数"如何理解呢？例如，只想查看 anaconda-ks.cfg 这一个文件的属性信息时，可以使用下面的命令。

```
[root@localhost ~]# ls   -l  anaconda-ks.cfg
-rw-------. 1 root root 1397 Jan 22 21:06 anaconda-ks.cfg
```

在输出中，anaconda-ks.cfg 这个文件名就是整条命令中的"参数"。

任何用户都必须使用正确的登录密码才可以访问系统。登录成功后，可以使用 passwd 命令修改账户密码。使用 passwd 命令时需要注意两点：第一，系统管理员（root 用户）可以为每个用户（包括自己）修改密码，而且不需要满足密码的复杂性；第二，普通用户只能为自己修改密码，而且必须满足密码的复杂性。

```
[root@instructor ~]# passwd  edward
Changing password for user edward.
New password:
BAD PASSWORD: The password is shorter than 8 characters
Retype new password:
passwd: all authentication tokens updated successfully.
```

上面的代码表示，通过 root 用户为普通用户修改密码，虽然没有满足密码的复杂性，但依然可以修改成功。

在命令行中，可以通过按 Tab 键补齐命令和文件名。

当按一次 Tab 键就可以补齐时，说明此命令或文件名是唯一的；如果按两次才可以补齐，说明此命令或文件名不是唯一的。例如，输入 sys 后，按两次 Tab 键，就有下面的输出。

```
[edward@instructor ~]$ sys
sysctl                    systemd-machine-id-setup
syspurpose                systemd-mount
```

有时需要对文件中的内容进行统计，如统计单词数量、行号等。这时需要使用 wc 命令。它有几个常用的选项："-l"表示统计行号；"-w"表示统计单词数量；"-c"表示统计字节。

```
[edward@instructor ~]$ wc  -l  /etc/passwd
45 /etc/passwd
[edward@instructor ~]$ wc  -w  /etc/passwd
103 /etc/passwd
[edward@instructor ~]$ wc  -c  /etc/passwd
2487 /etc/passwd
```

对于Linux 系统有句非常著名的话——一切皆为文件。这说明当人们在操作各种对象时，实际上是操作各种文件。因此，对文件类型的确定显得非常重要，Linux 系统的文件类型会在后面的章节中介绍，这里只介绍一个能够分辨文件类型的命令——file。

在 file 命令后面直接加上文件名就可以分辨出文件的类型。

```
[edward@instructor ~]$ file game
game: empty
[edward@instructor ~]$ file Downloads/
Downloads/: directory
```

对于每个曾经登录过系统的用户，系统都会为之保存一份命令记录，使用 history 命令可以查看这些历史命令。

```
[edward@instructor ~]$ history
    1  su -
    2  vi /etc/hostname
    3  su -
    4  exit
    5  hostname  instructor
    6  su -
    7  exit
    8  passwd
    9  su -
   10  wc  -l  /etc/passwd
   11  wc  -w  /etc/passwd
   12  wc  -c  /etc/passwd
   13  file Music/
   14  ls
   15  cd Desktop/
   16  ls
   17  cd ..
   18  ls
   19  touch game
   20  file game
   21  file Downloads/
   22  history
```

上面的输出显示了用户 edward 曾经输入的命令。系统默认记录 1000 条历史命令。如果要清空一个用户的历史记录，可以使用"history –c"命令。注意，历史记录是基于每个用户的，上述命令只能清空当前用户的历史记录。

如果想执行某条历史记录，可以用!加上数字，而!!表示执行最近的一条历史记录。历史记录支持搜索模式，可以在若干条记录中查询到曾经输入的命令。按 Ctrl+R 组合键可进入搜索模式。

```
(reverse-i-search)`f': file Downloads/
```

进入搜索模式后，输入某个字母，如上述代码中的 f，则从最近的以 f 开头的命令进行查询。

1.4　本章小结

本章简要介绍了 Linux 系统的发展史和 RHEL8 的一些新特性，同时指出学习

Linux 的过程就是学习各种命令的过程，因此省略了 RHEL8 下新桌面环境的介绍和学习，直指核心——命令行。

本章试图从入门的角度告诉初学者命令行使用时的语法，并用案例来描述生硬的命令行语法规则。在后面的各个章节中，将沿用此风格来对各种命令的用法和效果进行详细阐述。

第 2 章

Linux 文件系统和编辑文本文件

对于初学者来说，Linux 文件系统是非常重要的知识点。在 Linux 系统中，数据是以文件的形式存在的。文件系统正是为了方便查询和管理这些文件而设立的。文件系统主要包括目录和文件，不同的操作系统有不同类型的文件系统。它们对文件的管理方式也不相同。

2.1　Linux 文件系统的层次结构

"一棵倒立的树"是对 Linux 文件系统最形象的比喻。这不同于 Windows 系统的文件系统结构。Linux 文件系统沿用了 UNIX 操作系统的管理组织方式，只有一棵文件系统"树"。而 Windows 系统则不然，每个磁盘分区就是一棵单独的文件系统"树"。例如，C 盘是一个独立的文件系统，D 盘是另一个独立的文件系统，两棵"树"互不影响。理解这一知识点对于初学者来说非常关键，之后的各种文件和目录的操作都基于此。

例如，进入系统后，打开命令行终端，默认进入用户的家目录（也称宿主目录）。

```
[edward@instructor ~]$
```

其中，"~"表示家目录。除此之外，Linux 系统中还有很多其他的默认目录及文件，下面就来逐一介绍。

为了给读者一个整体的认识，图 2-1 展示了前面提到的那棵倒立的"树"。

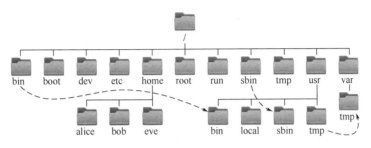

图 2-1　Linux 文件系统树

图 2-1 中展现了 Linux 系统中常用的几种目录。其中，"/"表示根目录，是整个文件系统的最顶层，所有其他目录都是基于它的。这类似于 DNS（域名系统）。注意，这跟 Windows 系统不同，它没有盘符的概念，有的只是各个目录名称。例如，要访问 alice 目录，则应使用"cd /home/alice"命令（后面将详细介绍）。其中，第二个"/"是分隔符，没有具体含义。

Linux 文件系统沿用了 UNIX 系统的命名方式，因此通用的文件名称用于表示一些常用功能。表 2-1 总结了 Linux 系统常见目录。

表 2-1　Linux 系统常见目录

分　类	目录名称
家目录	/root /home
配置目录	/etc
二进制执行文件所在目录	/bin /usr/bin
系统信息目录	/proc /sys
临时文件目录	/tmp
启动目录	/boot
临时挂载点	/media /mnt
用户数据目录	/var
设备目录	/dev
库文件目录	/lib /lib64

可能有读者会问，Linux 系统有那么多的发行版本，是不是每个版本都有这些默认的目录呢？在不同版本中这些目录的含义是否不同呢？其实解决这个问题的就是 FHS，即文件系统层级标准。众多 Linux 发行版本都遵循这个标准，只是有一些小的变动。

2.2 访问文件系统

和 Windows 系统一样，Linux 系统中在引用目录时也使用路径的概念。例如，前面提到的访问 alice 目录，就可以使用 "cd /home/alice" 命令。这就是路径。Linux 文件系统只有一棵 "树"，因此在引用路径时有两种不同的形式。

（1）绝对路径：以 "/" 起始，查找目标对象（目录或文件）所必须经历的每个目录的名称，它是文件位置的完整路径。例如，想进入网络配置目录，可以使用下面的命令。

```
[edward@instructor ~]$ cd /etc/sysconfig/network-scripts/
```

（2）相对路径：以当前位置（目录）为起始点，以到达的目标目录（文件）为终点。还是以进入网络配置目录为例，由于当前已经在/etc 目录下，因此可以使用下面的命令。

```
[edward@instructor etc]$ cd sysconfig/network-scripts/
```

如果想获取当前位置的绝对路径，可以使用 pwd 命令。

```
[edward@instructor etc]$ pwd
/etc
```

理解了路径的概念后，就可以学习如何利用两种路径来访问各种目录或文件。利用 cd 命令可以切换到不同目录中。在 cd 命令后面加上想要进入的目录名称后回车，就可以成功切换到想要进入的目录。如果 cd 命令后面不加任何目录名称直接回车，则默认进入当前登录系统的用户的家目录。

```
[edward@instructor etc]$ cd
[edward@instructor ~]$
```

如果在 cd 命令后面加上一个连字符，则会进入上一次工作目录。

```
[edward@instructor ~]$ cd -
/etc
[edward@instructor etc]$
```

Linux 系统中有两个特殊的符号可以用在相对路径中。

（1）"."表示当前目录。

（2）".."表示上级目录（要区分上级目录和上一次工作目录）。

在日常操作中，".."的用处非常大。例如，当前处在家目录下的 Desktop 目录中，想要切换到同处于家目录下的 Downloads 目录中，则可输入下面的命令。

```
[edward@instructor Desktop]$
[edward@instructor Desktop]$ cd ../Downloads/
[edward@instructor Downloads]$ pwd
/home/edward/Downloads
```

2.3 管理文件及目录

系统管理员在日常工作中需要对各种文件和目录进行管理，包括文件和目录的创建、删除、复制、移动等操作。这些操作除了可以在 GNOME 桌面环境中通过鼠标右键完成，也可以通过命令行完成。

1. 文件的操作

（1）touch 命令：此命令可以创建一个空文件或改变一个已经存在的文件的时间戳。

```
[edward@instructor ~]$ touch file1
[edward@instructor ~]$ ls  -l file1
-rw-rw-r--. 1 edward edward 0 Feb  4 19:15 file1
```

注意，上述文件的大小为0，说明这是新建的空文件，没有内容。如果再次对file1执行 touch 命令，则只会改变时间戳，其内容不会被覆盖（如果有内容的话）。

```
[edward@instructor ~]$ touch  file1
[edward@instructor ~]$ ls  -l file1
-rw-rw-r--. 1 edward edward 0 Feb  4 19:20 file1
```

由上述代码可以发现，只有时间戳改变了，其他内容并未改变。

（2）cp 命令：此命令可以复制文件。它有几个比较常用的选项。

-i 选项：交互式提问。例如，/var 下已经有 file1，当再次复制的时候，加入-i 选项，会提示是否覆盖。

```
[root@instructor ~]# cp -i /home/edward/file1   /var/
cp: overwrite '/var/file1'? y
```

注意：在红帽操作系统中，已经使用 alias 命令对 cp 命令做了别名设置，使用 cp 时，等同于使用"cp –i"。

-r 选项：递归复制目录。cp 命令默认只能复制文件，对于目录的操作，必须加入-r 选项。

```
[root@instructor ~]# cp -r Downloads/  /var/
```

-p 选项：复制源文件到目标位置时，保持文件属性不变。

```
[root@instructor edward]# ls -l file1
-rw-rw-r--. 1 edward edward 0 Feb  4 19:20 file1
[root@instructor edward]# cp  -p file1   /srv/
[root@instructor edward]# ls -l /srv/file1
-rw-rw-r--. 1 edward edward 0 Feb  4 19:20 /srv/file1
```

（3）mv 命令：该命令用于移动或重命名文件。在同一目录中，mv 命令用于重命名；跨不同目录时，则用于移动。下面的代码把 file1 重命名为 file2。

```
[root@instructor edward]# mv file1  file2
```

由于没有变更目录，所以只是重命名的操作。

注意：mv 和 cp 一样，也可以使用-i 选项，进行交互式提问。

除了可以移动文件，mv 命令也可以直接把整个目录树移动到其他目录中。例如，把 Music 目录移动到/srv 目录中。

```
[root@instructor edward]# mv Music/ /srv/
[root@instructor edward]# cd /srv/
[root@instructor srv]# ls
file1   Music
```

（4）rm 命令：该命令用来对文件进行删除操作。rm 命令有三个非常重要的选项。

-i 选项：和 mv、cp 命令一样，用于交互式提问。例如，用户删除一个文件时，会提示是否真的删除，以免误操作。

```
[root@instructor srv]# rm -i file1
rm: remove regular empty file 'file1'? y
```

-r 选项：递归删除目录树。rm 命令默认只能删除文件，如果想删除目录，则必须加上-r 选项。

```
[root@instructor srv]# rm -ir Music/
rm: remove directory 'Music/'? y
```

注意：在红帽操作系统中，已经用 alias 命令对 rm 命令进行了别名设置，因此-i 选项可以省略。

-f 选项：如果确定要删除某个目标文件，则可以直接使用-f 选项进行强制删除，而不会出现提示。

```
[root@instructor ~]# rm -rf Music/
```

注意：root 用户在执行"rm –rf"命令时一定要谨慎，此操作会把某个文件或目录结构直接删除。

---

2. 目录的操作

（1）mkdir命令：创建新目录。

```
[root@instructor ~]# mkdir dir1/
[root@instructor ~]# ls -ld dir1
drwxr-xr-x. 2 root root 6 Feb  4 22:30 dir1
```

上述代码可以创建一个名为dir1的目录，如果想在此目录下继续创建多个子目录，则可以使用-p选项，一次性输入需要创建的子目录名，按回车键。

```
[root@instructor dir1]# mkdir -p  dir2/dir3
[root@instructor dir1]# cd dir2/dir3/
[root@instructor dir3]# pwd
/root/dir1/dir2/dir3
```

（2）rmdir命令：删除空目录。注意，这个命令只能删除空目录，如果目录中有文件，则删除失败。例如，如果删除刚才建立的dir1目录，则系统会报错。

```
[root@instructor ~]# rmdir  dir1/
rmdir: failed to remove 'dir1/': Directory not empty
```

此时可以使用"rm –r"命令删除目录。

（3）tree命令：列出目录树结构，即把某个目录中的所有文件和子目录结构列出来。

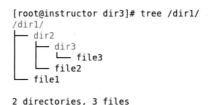

```
[root@instructor dir3]# tree /dir1/
/dir1/
└── dir2
    ├── dir3
    │   └── file3
    └── file2
└── file1

2 directories, 3 files
```

3. 查看文件内容

在查看文件内容时，有时需要查看文件的所有内容，而有时需要查看特定的某一栏或某一列的内容。

（1）cat命令：此命令可以查看文件内容，通过-n选项可以自动添加行号。

例如，查看/etc/passwd文件内容。

```
[edward@instructor ~]$ cat  -n  /etc/passwd
     1  root:x:0:0:root:/root:/bin/bash
     2  bin:x:1:1:bin:/bin:/sbin/nologin
     3  daemon:x:2:2:daemon:/sbin:/sbin/nologin
     4  adm:x:3:4:adm:/var/adm:/sbin/nologin
     5  lp:x:4:7:lp:/var/spool/lpd:/sbin/nologin
     6  sync:x:5:0:sync:/sbin:/bin/sync
     7  shutdown:x:6:0:shutdown:/sbin:/sbin/shutdown
     8  halt:x:7:0:halt:/sbin:/sbin/halt
     9  mail:x:8:12:mail:/var/spool/mail:/sbin/nologin
    10  operator:x:11:0:operator:/root:/sbin/nologin
    11  games:x:12:100:games:/usr/games:/sbin/nologin
```

除了可以直观地把文件内容显示出来，cat 命令还可以利用文件结束标识符 "EOF"
把文件内容以标准输入的方式导入。

```
[edward@instructor ~]$ cat  >file1 <<EOF
> line one
> line two
> line three
> EOF
[edward@instructor ~]$ cat  file1
line one
line two
line three
```

注意：EOF 不是固定的，可以替换成任何字符，但文件内容输入结束后，必须和前面
的结束标识符一致。

（2）more 命令：支持一页一页查看文件内容，同时显示文件内容的百分比。

```
[edward@instructor ~]$ more  /etc/passwd
root:x:0:0:root:/root:/bin/bash
bin:x:1:1:bin:/bin:/sbin/nologin
daemon:x:2:2:daemon:/sbin:/sbin/nologin
adm:x:3:4:adm:/var/adm:/sbin/nologin
lp:x:4:7:lp:/var/spool/lpd:/sbin/nologin
sync:x:5:0:sync:/sbin:/bin/sync
shutdown:x:6:0:shutdown:/sbin:/sbin/shutdown
halt:x:7:0:halt:/sbin:/sbin/halt
mail:x:8:12:mail:/var/spool/mail:/sbin/nologin
operator:x:11:0:operator:/root:/sbin/nologin
games:x:12:100:games:/usr/games:/sbin/nologin
ftp:x:14:50:FTP User:/var/ftp:/sbin/nologin
nobody:x:65534:65534:Kernel Overflow User:/:/sbin/nologin
dbus:x:81:81:System message bus:/:/sbin/nologin
systemd-coredump:x:999:997:systemd Core Dumper:/:/sbin/nologin
systemd-resolve:x:193:193:systemd Resolver:/:/sbin/nologin
tss:x:59:59:Account used by the trousers package to sandbox the tcsd daemon:/dev/null:/sbin/nologin
polkitd:x:998:996:User for polkitd:/:/sbin/nologin
geoclue:x:997:995:User for geoclue:/var/lib/geoclue:/sbin/nologin
rtkit:x:172:172:RealtimeKit:/proc:/sbin/nologin
pulse:x:171:171:PulseAudio System Daemon:/var/run/pulse:/sbin/nologin
qemu:x:107:107:qemu user:/:/sbin/nologin
usbmuxd:x:113:113:usbmuxd user:/:/sbin/nologin
unbound:x:996:991:Unbound DNS resolver:/etc/unbound:/sbin/nologin
--More--(47%)
```

（3）head 命令：默认查看文件内容的前 10 行。可以通过-n 选项指定希望查看的行数。

```
[edward@instructor ~]$ head  -n  5  /etc/passwd
root:x:0:0:root:/root:/bin/bash
bin:x:1:1:bin:/bin:/sbin/nologin
daemon:x:2:2:daemon:/sbin:/sbin/nologin
adm:x:3:4:adm:/var/adm:/sbin/nologin
lp:x:4:7:lp:/var/spool/lpd:/sbin/nologin
```

（4）tail 命令：默认查看文件内容的后 10 行。可以通过-n 选项指定希望查看的行数。

```
[edward@instructor ~]$ tail  -n  5  /etc/passwd
sshd:x:74:74:Privilege-separated SSH:/var/empty/sshd:/sbin/nologin
insights:x:978:976:Red Hat Insights:/var/lib/insights:/sbin/nologin
avahi:x:70:70:Avahi mDNS/DNS-SD Stack:/var/run/avahi-daemon:/sbin/nologin
tcpdump:x:72:72::/:/sbin/nologin
edward:x:1000:1000:edward:/home/edward:/bin/bash
```

注意：利用 tail 命令查看文件内容时，可以使用-f 选项动态跟踪最新内容。例如，查看某个日志文件时，如果有新日志数据进来，则会动态地在终端上显示。

（5）cut 命令：支持查看文件的部分内容。为了实现查看具体某个部分，需要有下面几个选项的配合。

-t：指定分隔符，如果不指定，则默认使用 Tab 键来进行文件内容的分割。

-f：指定文件的字段，按列指定。

```
[edward@instructor ~]$ cut  -d:  -f1  /etc/passwd
root
bin
daemon
adm
lp
sync
shutdown
halt
mail
operator
games
ftp
nobody
dbus
systemd-coredump
systemd-resolve
tss
polkitd
geoclue
rtkit
pulse
```

在上面的代码中，只查看/etc/passwd 中的第一列内容，即用户名。

2.4 Bash Shell 通配符

通配符是用来匹配文件路径或文件名的特殊符号。利用通配符可以使管理文件名更加轻松。下面介绍常见的几个通配符。

*: 匹配任意字符。

```
[edward@instructor ~]$ ls file*
file    file1   file2
```

?: 匹配任意一个字符。

```
[edward@instructor ~]$ ls  file?
file1   file2   filea   fileb
```

[a-z]: 匹配中括号中的任意一个字符。

```
[edward@instructor ~]$ ls file[a-z]
filea   fileb
```

[0-9]: 匹配中括号中的任意一个数字。

```
[edward@instructor ~]$ ls  file[0-9]
file1   file2
```

[^abc..]: 不匹配中括号中的任意一个字符。

```
[edward@instructor ~]$ ls  file[^a]
file1   file2   fileb
```

2.5 编辑文本文件

前面介绍了文件系统的层次结构，以及如何使用命令行来管理各种文件和目录。有时需要对文本文件的内容进行管理。例如，对标准输出的去向进行指定，就要用到重定向符等。

2.5.1 文件 I/O 重定向

默认情况下，命令执行后的输出会在终端屏幕上显示，但有时也希望将输出内容重定向到某个文件中。这就需要使用标准输出重定向符"1>"，简写成">"。有时需要将某个文件的内容作为标准输入重定向到命令，则需要使用标准输入重定向符"<"。

例如，希望将 date 命令显示的内容重定向到文件 datefile 中。

```
[edward@instructor ~]$ date  >  datefile
[edward@instructor ~]$ cat datefile
Wed Feb 12 04:13:21 CST 2020
```

">"符号会把输出重定向到某个文件中，但此符号会把目标文件中的内容覆盖，为了避免发生这样的情况，需要使用追加重定向符">>"。例如，把 uptime 命令内容也重定向到 datefile 文件中，但不希望覆盖之前的内容。

```
[edward@instructor ~]$ uptime  >> datefile
[edward@instructor ~]$ cat datefile
Wed Feb 12 04:13:21 CST 2020
 04:44:39 up  2:22,  1 user,  load average: 0.50, 0.13, 0.04
```

同样，如果有相应的错误输出，则可以使用错误输出重定向符"2>"，将输出重定向到某个文件中。例如，将某个错误的命令输出重定向到文件 error 中。

```
[edward@instructor ~]$ Ls  2>  error
[edward@instructor ~]$ cat  error
bash: Ls: command not found...
Similar command is: 'ls'
```

使用"2>>"可以将错误输出以追加的形式重定向到某个文件中。

默认情况下，输入来自键盘，但在某些案例中，输入的内容可能来自某个特定的文件。因此，可以使用输入重定向符"<"将文件内容导入命令。例如，统计/etc/group 文件中的

行号。

```
[edward@instructor ~]$ wc -l < /etc/group
76
```

2.5.2　管道符

Linux 系统中的命令十分丰富，但有时单个命令无法满足某个特定的需求，这时就需要将多个命令结合在一起。在这种情况下，往往要用到管道符。语法格式如下：

```
command1 | command2
```

中间的"|"就是管道符。它会把 command1 的输出重定向到命令 command2。

例如，使用 ls 命令查看/usr/sbin 目录时，由于/usr/sbin 目录中内容较多，可能一瞬间就显示过去了，这时可借助 more 命令进行翻屏。

```
[edward@instructor ~]$ ls  /usr/sbin/ |more
accept
accessdb
accton
adcli
addgnupghome
addpart
adduser
agetty
alsabat-test.sh
alsactl
alsa-info.sh
alternatives
anaconda
anacron
applygnupgdefaults
arp
arpd
arping
atd
atrun
auditctl
auditd
augenrules
--More--
```

当然，还可以组合更多命令来完成复杂的工作。例如，只提取回环接口（lo）的 IP

地址时，可采用下面的命令。

```
[edward@instructor ~]$ ifconfig   lo |grep "inet" |grep -v "inet6" |awk '{print $2}'
127.0.0.1
```

2.6 本章小结

　　本章重点讲解了 Linux 文件系统的结构及文件和目录的操作，这对于刚刚接触 Linux 系统的读者而言非常重要，只有彻底理解了 Linux 文件系统的结构，才能熟练掌握 Linux 系统。

　　对于只有"一棵树"的 Linux 文件系统结构而言，根目录是整个文件系统的入口。读者还必须熟悉 FHS 下常见的各种目录，这对于以后在生产环境中掌握不同版本的 Linux 系统尤为重要。

第 3 章

Linux 系统中的用户、群组与权限

无论 Linux 系统还是 Windows 系统,都必须使用某个具有特定权限的用户账户并通过严格的身份验证后方可登入系统并对其进行各种操作。而 Linux 系统中的用户既可以是本地用户,也可以是 LDAP 服务提供的网络类型的用户。本章将详细讨论本地用户的管理。

3.1 本地用户的分类

在创建一个用户时,系统会为其分配一个 UserID(UID)。这是在系统中识别身份的唯一标识。通过此标识,可以把 Linux 系统中的本地用户分为三种类型。

（1）root 用户（管理员）,UID 为 0。

（2）系统用户,UID 为 1～999。

（3）普通用户,UID 大于或等于 1000。

使用 id 命令可以打印出已存在的用户的信息,如 UID、GID 等。

```
[edward@instructor ~]$ id root
uid=0(root) gid=0(root) groups=0(root)
```

那么，UID 是在哪里定义的呢？是否可以更改默认设置呢？答案是肯定的，打开 /etc/login.defs 文件，就可以看到如下内容。该文件中定义了 UID 的范围。

```
# Min/max values for automatic uid selection in useradd
#
UID_MIN                 1000
UID_MAX                 60000
# System accounts
SYS_UID_MIN             201
SYS_UID_MAX             999
```

注意：此文件只有 root 用户才可以修改。

这三类用户的信息被保存在/etc/passwd 文件中，此文件的每一行是一个用户的信息，每一行又分为 7 个字段，分别为：

（1）用户名。

（2）密码位。

（3）用户 UID。

（4）用户 GID。

（5）用户说明信息。

（6）用户家目录。

（7）登录 Shell 环境。

这里需要注意的是，虽然文件名为 passwd，但其中并没有密码，为了安全起见，密码被保存在/etc/shadow 文件中。因此，/etc/passwd 中的第二个字段为密码位，用 x 标识。

3.2　利用命令行管理本地用户

useradd 命令用来建立新用户，系统默认为其分配一个 UID 并创建一个同名的家目录和同名的群组。为了安全起见，建议使用 passwd 命令为新用户设置复杂性高的密码。

userdel 命令用来删除用户，此命令会把用户信息从/etc/passwd 中删除。需要注意的是，加入-r 选项才能把同名的家目录也删除。

usermod 命令用来修改已经存在的用户的信息，如修改 UID、登录环境等信息。Usermod 命令的选项见表 3-1。

表 3-1　usermod 命令的选项

选　　项	说　　明
-u	修改 UID
-g	指定主要组
-G	添加到附加组
-a	配合-G 使用，以追加的形式添加到附加组
-c	添加备注信息
-s	修改登录 Shell
-L	锁定用户
-U	解除锁定用户

usermod 命令和 useradd 命令语法格式相同：

```
usermod | useradd -[option] username
```

它们支持多个选项一同使用，例如：

```
useradd  -M  -s /sbin/nologin  jess
```

注意：此命令中用到了-M 选项，此选项强制不建立家目录，一般和-s /sbin/nologin 合用。

为了安全起见，建立新用户后，需要使用 passwd 命令为其设置密码。如果是 root 用户，可以通过在 passwd 后面指定用户名为其设置密码，且无须满足复杂性；普通用户只能为自己设置密码，而且必须满足复杂性。例如：

```
[root@instructor ~]# passwd  jess
Changing password for user jess.
New password:      密码为123
BAD PASSWORD: The password is shorter than 8 characters
Retype new password:   密码为123
passwd: all authentication tokens updated successfully.
```

可以看出，root 用户为用户 jess 设置密码时，虽然有不满 8 个字符的警告，但依然可以成功设置。但用户 jess 为自己修改密码时，如果是简单的密码，则会失败。

```
[jess@instructor ~]$ passwd
Changing password for user jess.
Current password:   输入当前密码 123
New password:      输入新密码 456
BAD PASSWORD: The password is shorter than 8 characters
passwd: Authentication token manipulation error
```

3.3 su-与 sudo

可以使用 "su -用户名" 切换用户，注意 su 后面的 "-"，如果未使用 "-"，则切换用户时，系统不会为其提供一个新的登录 Shell 环境，因此强烈建议读者在切换用户时加上 "-"，例如：

```
[root@instructor ~]# su  -  edward
[edward@instructor ~]$ pwd
/home/edward
```

在生产环境中，要尽量避免直接使用 root 用户登录系统，而普通用户的权限比较低，有时需要一种方式来实现在不切换到 root 用户的情况下完成只有 root 用户才可以做的事情，sudo 命令就提供了这样的功能。

与 su-命令不同，运行 sudo 命令的用户需要输入自己的密码进行身份验证，验证成功后，方可执行 sudo 后面的操作。当然，该用户需要事先在/etc/sudoer 中进行配置，一般推荐使用 visudo 命令直接编辑。其中有一行为

```
## Allow root to run any commands anywhere
root    ALL=(ALL)        ALL
```

正如上面的描述，root 用户可以在任何位置运行任何命令。因此，可以在后面添加所需要的普通用户名称。例如，允许用户 edward 使用 useradd 命令新建用户（useradd 命令默认只有 root 用户可以使用）。

```
## Allow root to run any commands anywhere
root    ALL=(ALL)        ALL
edward  ALL=            /usr/sbin/useradd
```

注意：后面的命令必须以绝对路径形式添加。

这时，就允许用户 edward 使用 useradd 命令建立新用户，例如：

```
[edward@instructor ~]$ sudo  useradd  jack

We trust you have received the usual lecture from the local System
Administrator. It usually boils down to these three things:

    #1) Respect the privacy of others.
    #2) Think before you type.
    #3) With great power comes great responsibility.

[sudo] password for edward:  需要输入edward的密码验证其身份，而无须切换到root用户
```

除这种配置方式以外，在/etc/sudoer 中还支持以组的方式指定。例如，下面的代码可为 wheel 组的成员启用 sudo 配置。如果希望使用该设置，把前面的"#"符号去掉即可。

```
## Allows people in group wheel to run all commands
#%wheel ALL=(ALL)        ALL
```

在上述代码中，%代表组，wheel 组的成员可以在任何位置运行任何命令。建议读者谨慎使用这种方式。

3.4　管理密码文件

在讲到/etc/passwd 时，前文说过其第二个字段为密码位，为了安全起见，将密码单独保存在/etc/shadow 中。本节就来具体说一下此文件的内容，以及如何设置密码过期策略。

与/etc/passwd 相似，/etc/shadow 文件中的每一行代表一个用户的密码信息，格式如下：

```
jess:$6$u7OPDQ2Q.yT9tk67$MOWyRNjwhhjSHeBeAJIOQ4cHnVZrz6NciuA:18365:0:99999:7:::
```

其中包括 9 个字段：

（1）用户名。

（2）加密密码，在 RHEL8 中默认使用 SHA-512 哈希算法。

（3）自上次修改密码后过去的天数（从 1970 年 1 月 1 日开始）。

（4）密码最小有效天数。

（5）密码最大有效天数，到期后必须修改密码。

（6）密码过期前的警告日期。

（7）非活动期限（密码过期后还可以延期使用的天数）。

（8）密码过期时间。

（9）预留字段。

这个文件其实是密码过期策略文件，要求具有高安全性，因此普通用户不能直接使用编辑器对其进行修改。如果需要修改，则可以使用 chage 命令来操作。chage 命令的常用选项见表 3-2。

表 3-2　chage 命令的常用选项

选　项	说　　明
-d	指定密码最后修改的日期
-E	指定用户密码到期日期，格式为 YYYY-MM-DD
-w	指定密码过期前的警告日期
-M	指定密码的最大有效天数
-m	指定密码的最小有效天数
-l	显示某个用户的密码信息
-I	指定密码的非活动天数，超过这个天数，则密码无效

利用这些选项可以对/etc/shadow 文件内容进行修改，格式如下：

```
chage [option] 用户名
```

例如，查看用户 edward 的密码信息。

```
[root@instructor ~]# chage  -l edward
Last password change                                    : Jan 26, 2020
Password expires                                        : never
Password inactive                                       : never
Account expires                                         : never
Minimum number of days between password change          : 0
Maximum number of days between password change          : 99999
Number of days of warning before password expires       : 7
```

如果希望用户 edward 的密码在 2021 年 1 月 1 日这天过期，则需要使用-E 选项进

行设置。

```
[root@instructor ~]# chage  -E 2021-01-01  edward
[root@instructor ~]# chage  -l edward
Last password change                                    : Jan 26, 2020
Password expires                                        : never
Password inactive                                       : never
Account expires                                         : Jan 01, 2021
Minimum number of days between password change          : 0
Maximum number of days between password change          : 99999
Number of days of warning before password expires       : 7
```

3.5 群组

任何系统都支持群组的创建，具有相同操作的用户可以加入同一个群组。和创建用户

一样，当创建一个新的群组时，系统会为其分配一个 GID。

3.5.1 群组的分类

（1）主要组：每个用户仅可以加入一个主要组。

（2）附加组：每个用户都可以加入多个附加组。

群组信息保存在/etc/group 文件中，每一行是一个群组的信息，每一行又分为三个字

段，分别为：

（1）群组名。

（2）群组密码。

（3）该群组的成员列表。

注意：当新建一个用户时，系统会自动建立同名的群组。

3.5.2　利用命令行管理群组

可以使用 groupadd 命令创建新群组，系统默认分配一个 GID 来唯一标识此群组。

-g 选项用于指定 GID，例如：

```
[root@instructor ~]# groupadd  -g  2000 gp1
[root@instructor ~]# grep "gp1" /etc/group
gp1:x:2000:
```

groupdel 命令是删除群组的，这里需要明确一点，当该群组为某个用户的主要组时，不可以直接删除该群组。

groupmod 命令可以对已经存在的群组做修改。

-n 选项用于修改群组名称，例如：

```
[root@instructor ~]# groupmod -n gp2  gp1
[root@instructor ~]# grep  "gp2"  /etc/group
gp2:x:2000:
```

-g 选项用于修改群组的 GID，例如：

```
[root@instructor ~]# groupmod  -g  3000  gp2
[root@instructor ~]# grep  "gp2"  /etc/group
gp2:x:3000:
```

前面在介绍 usermod 时提到过-g 和-aG 这两个选项，它们分别表示把某用户加入主要组（-g）和以追加的形式加入附加组（-aG）。例如：

```
[root@instructor ~]# groupadd  prod
[root@instructor ~]# useradd  -g  prod  joe
[root@instructor ~]# id  joe
uid=1014(joe) gid=3001(prod) groups=3001(prod)
```

通过 id 命令查看到用户 joe 的主要组已经是 prod 群组了。

继续使用 -G 选项，把用户 joe 加入 test 群组，再利用 -aG 选项把 joe 以追加的形式加入 dev 群组。

```
[root@instructor ~]# usermod    -G    test   joe
[root@instructor ~]# id joe
uid=1014(joe) gid=3001(prod) groups=3001(prod),3003(test)
[root@instructor ~]# usermod  -aG   dev  joe
[root@instructor ~]# id  joe
uid=1014(joe) gid=3001(prod) groups=3001(prod),3002(dev),3003(test)
```

3.6 登录 Shell 与非登录 Shell

某用户登录系统时，根据登录方式的不同，会取得登录 Shell 或非登录 Shell。所谓登录 Shell，就是当用户登录系统后，系统会分配给这个用户一个 Shell 环境，此用户可以在这个 Shell 环境中运行自己的命令和脚本，完成设置变量等操作；非登录 Shell 就是当用户再次开启一个其他 Shell 时（如子 Shell），这个 Shell 会继承父 Shell 的一些变量或环境。

登录 Shell 与非登录 Shell 在读取文件时不同。一般个人环境的配置文件有两类：一类是 profile 文件；另一类是 bashrc 文件。前者主要设置环境变量或仅在登录时运行的命令；后者一般用于设置函数、别名等。根据作用范围不同，这两类文件又分为全局级和用户级，见表 3-3。

表 3-3 profile 与 bashrc 文件

文　　件	说　　明
/etc/profile	全局生效，每个登录 Shell 用户都会读取的文件
/etc/bashrc	全局生效，每个登录 Shell 用户都会读取的文件

续表

文 件	说 明
~/.bash_profile	对某个用户生效
~/.bashrc	对某个用户生效

/etc/profile 是所有用户登录系统时默认都会读取的文件，在这个文件中定义了一些常见的环境变量，如$PATH、$USR、$HOSTNAME、$HISTSIZE 等。其中有一个功能是使用 for 循环来迭代运行/etc/profile.d/*.sh 文件。

```
for i in /etc/profile.d/*.sh /etc/profile.d/sh.local ; do
    if [ -r "$i" ]; then
        if [ "${-#*i}" != "$-" ]; then
            . "$i"
        else
            . "$i" >/dev/null
        fi
    fi
done
```

/etc/profile.d 目录中是对颜色、语系、which 等命令进行的一些附加设置。由于/etc/profile 文件是全局生效的，因此设置时要格外小心。

/etc/bashrc 文件用于设置别名、函数等，也是全局生效的。例如，设置一个别名 "net"。

```
# /etc/bashrc

# System wide functions and aliases
# Environment stuff goes in /etc/profile
alias net='ifconfig -a'
```

设置完成后，需要使用 "source /etc/bashrc" 将设置文件的内容读取到当前的 Shell 环境中，让文件内容立即生效。

```
[root@instructor ~]# source    /etc/bashrc
[root@instructor ~]# net
ens33: flags=4163<UP,BROADCAST,RUNNING,MULTICAST>  mtu 1500
        ether 00:0c:29:21:45:41  txqueuelen 1000  (Ethernet)
        RX packets 1301  bytes 91608 (89.4 KiB)
        RX errors 0  dropped 0  overruns 0  frame 0
        TX packets 0  bytes 0 (0.0 B)
        TX errors 0  dropped 0 overruns 0  carrier 0  collisions 0

lo: flags=73<UP,LOOPBACK,RUNNING>  mtu 65536
        inet 127.0.0.1  netmask 255.0.0.0
        inet6 ::1  prefixlen 128  scopeid 0x10<host>
```

```
loop  txqueuelen 1000  (Local Loopback)
RX packets 36  bytes 3204 (3.1 KiB)
RX errors 0  dropped 0  overruns 0  frame 0
TX packets 36  bytes 3204 (3.1 KiB)
TX errors 0  dropped 0 overruns 0  carrier 0  collisions 0
```

~/.bash_profile 和~/.bashrc 的作用范围是用户级的，即对某个用户生效。例如，希望用户 edward 登录系统后，显示当月的日历，同时修改此用户的$PS1 变量。为了完成此操作，可以在/home/edward/.bashrc 中定义如下内容：

```
# User specific environment
PATH="$HOME/.local/bin:$HOME/bin:$PATH"
cal
PS1='[\u\@\h \W]$'
export PATH PS1
```

用户 edward 再次登录系统时，显示如下内容。

```
[root@instructor ~]# su - edward
        April 2020          1  当月日历
Su Mo Tu We Th Fr Sa
          1  2  3  4
 5  6  7  8  9 10 11
12 13 14 15 16 17 18
19 20 21 22 23 24 25
26 27 28 29 30
                    2  当前时间
[edward05:38 PMinstructor ~]$
```

当然，该操作也可以在/home/edward/.bash_profile 中定义，效果是一样的。

还有两个和用户退出系统有关的文件：~/.bash_logout 和~/.bash_history。当用户退出系统时，其历史记录会被保存在 bash_history 中，而如果把某个任务放入 bash_logout 文件中，则每次用户退出系统时，都会执行此文件中的任务。例如，在/home/edward/.bash_logout 中写入"systemctl reboot -i"命令后，当用户 edward 退出登录时，系统会自动重启。

3.7 权限管理

Linux 系统中的文件或目录都有属于自己的权限，通过权限来判断某个用户或群组是否有对文件或目录进行操作的权利，如访问、修改等。每个文件都对应三种身份，即文件的拥有人身份，文件的拥有组身份和文件的其他人身份。对同一个文件而言，这三种身份有着不同的权限，理解这点非常重要。

3.7.1 文件的权限

在正式学习权限的设置之前，必须先学会查看权限。使用"ls –l"命令可以列出某个文件的权限（如果是目录，则需要再加入-d选项），例如：

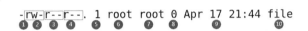

上述命令各部分说明如下：

① 文件类型，"-"代表普通文件，"d"代表目录文件。

② 文件拥有人权限。

③ 文件拥有组权限。

④ 文件其他人权限。

⑤ 文件链接数。

⑥ 文件拥有人。

⑦ 文件拥有组。

⑧ 文件大小。

⑨ 最后一次修改时间。

⑩ 文件名称。

其中，r、w、x分别代表不同的权限。权限的定义见表3-4。

表3-4　权限的定义

权　　限	对文件的影响	对目录的影响
R——读取权限	读文件内容	列出目录内容

续表

权　限	对文件的影响	对目录的影响
W——修改权限	修改文件内容	修改目录内容
X——执行权限	执行某文件	切换到某个目录

需要注意以下几点：

（1）如果对文件有 w 权限，则只代表可以对文件内容进行修改，对文件本身是无法删除的，如果想删除，则必须有对上级目录写入的权限。

（2）对于目录来说，x 权限代表可以进入（切换到）目录，而非执行。

如何判断用户或群组是否有权限访问、修改文件或目录呢？以本节开始处名为 file 的文件为例，其拥有人和拥有组都是 root，edward 登录系统后，是否可以对 file 文件进行写入呢？答案是否定的，系统会给出 "Permission denied" 的提示信息。下面来分析系统是如何做出判断的。这要结合之前的用户和群组小节的 UID 和 GID 的内容。首先，系统会查看 file 文件拥有人的 UID 是否为 edward 的 UID，在此示例中不是（而是 root），既然不是 edward 的 UID，就不能使用拥有人身份的权限。接着，查看 GID 是否为 edward 的 GID，很显然也不是（还是 root），因此不能使用拥有组身份的权限。由此可见，edward 属于其他人身份，而其他人身份只有读取权限，因此 edward 不能对 file 文件进行写入。

3.7.2　设置文件权限

通过上一节内容的学习，读者学会了如何判断是否有权限去访问或修改某个文件或目录，当权限不满足时，可以借助 chmod 命令修改。该命令语法格式如下：

```
chmod [option]… [mode]… filename
```

常见的选项有-R，是用在目录中的，作用是以递归的形式对目录设置权限。

mode 指方式，有以下几种：

u|g|o|a，分别代表拥有人、拥有组、其他人和所有人这几个身份。

+|−|=，分别代表增加一个权限、删除一个权限和重新设置权限。

rwxX，分别代表读、写和执行权限。值得注意的是，x 权限需要谨慎使用。因为当对某个目录使用-R 选项递归设置权限时，如果对此目录设置了执行权限，则执行权限会被此目录下的子文件所继承，而如果使用 X，则此目录下的子文件不会继承执行权限（读、写权限不受影响）。

例如，想为文件 file 中其他人身份增加一个写权限，则可以输入下面的命令：

```
chmod   o+w   file
```

Linux 系统中的权限其实是用八进制数表达的，然后转换成二进制数。在二进制数中，每一位代表一个二进制位。权限的数字表达见表 3-5。

表 3-5　权限的数字表达

权　　限	二 进 制 数	八 进 制 数	权 限 说 明
r--	100	4	只有读权限
-w-	010	2	只有修改权限
--x	001	1	只有执行权限
---	000	0	无任何权限

因此，在上一个示例中，也可以直接使用数字的形式对其他人身份赋予权限。

```
chmod   646   file
```

3.7.3　修改文件所属者

在某些情况下，需要对文件或目录修改所属关系。在介绍文件属性信息时，提到文件有"拥有人"和"拥有组"这两种所属者。可以分别使用 chown 和 chgrp 命令修改。

chown 命令语法格式如下：

```
chown [option] owner [.group ] filename
```

例如，使用 chown 命令将文件 file 的拥有人修改为 edward。

```
[root@instructor ~]# chown  edward  file
[root@instructor ~]# ls -l  file
-rw-r--r--. 1 edward root 16 Apr 20 16:38 file
```

此命令还具有修改文件拥有组的功能。例如，再将文件 file 的拥有组修改为 edward。

```
[root@instructor ~]# chown  edward.edward  file
[root@instructor ~]# ls -l  file
-rw-r--r--. 1 edward edward 16 Apr 20 16:38 file
```

还可以通过使用-R 选项，以递归的形式对整个目录树修改所属关系，例如：

```
chown  -R  edward.edward  /share
```

使用 chgrp 命令，可以只修改文件的拥有组，其语法格式如下：

```
chgrp [option] groupname filename
```

例如，将文件 file2 的拥有组修改为 bob。

```
[root@instructor ~]# chgrp  bob  file2
[root@instructor ~]# ls  -l  file2
-rw-r--r--. 1 root bob 0 Apr 20 16:53 file2
```

与此命令具有相同效果的做法是使用 chown 命令对 file2 修改拥有组。

```
chown  .bob  file2
```

注意：这里应有一个"."，如果忘记添加，则代表将拥有人修改为 bob。

3.7.4 特殊权限

除拥有人权限、拥有组权限和其他人权限外，文件还有三个特殊的权限，这些权限提供了额外的功能，见表3-6。

表3-6　特殊权限

权　限	说　明
SUID	当执行一个命令时，使用的是该命令的拥有人权限
SGID	目录中的子文件会继承目录的拥有组
t（粘贴位）	对目录具有写入权限的用户只能删除其所拥有的文件

下面分别对上述权限进行解释。对于执行文件（命令）来说，当被设置了 SUID 权限后，再次执行此文件时，使用的是该执行文件拥有人的身份，而不是执行者自己的权限。例如，passwd 命令就被设置了 SUID 权限。

```
[root@instructor ~]# ls  -l /usr/bin/passwd
-rwsr-xr-x. 1 root root 34512 Aug 13  2018 /usr/bin/passwd
```

普通用户使用 passwd 命令修改自己的密码时，其实是修改/etc/shadow 文件，此文件是保存用户密码的文件，由于密码是敏感内容，因此对安全性要求非常高，通过查看得到此文件是没有任何权限的。

```
----------. 1 root root 2548 Apr 20 00:47 /etc/shadow
```

这就产生了一个矛盾，普通用户没有权限修改/etc/shadow 文件，但确实可以成功修改密码，这又是怎么回事呢？下面来解释当使用 passwd 命令时，是如何修改密码文件的。

例如，用户 edward 使用 passwd 命令修改自己的密码时，可以看见/usr/bin/passwd 这个可执行文件的拥有人身份上面有个字母"s"，这便是 SUID 权限。通过 SUID 的定义，当 edward 使用/usr/bin/passwd 指定密码时，实际使用的是/usr/bin/passwd 文件拥有人的权限（root）修改/etc/shaodw 文件，而不是执行者（edward）自己的权限，因此可以成功修改密码。

SGID 一般用于目录，在目录下建立子文件（子目录）时，其拥有组并不会自动继承父目录的拥有组身份。如果希望继承，则必须对父目录设置 SGID 权限。例如，对 dir 目录设置 SGID 权限。

```
[root@instructor ~]# chmod  g+s  dir
[root@instructor ~]# ls  -ld  dir
drwxr-sr-x. 2 root root 6 Apr 22 04:00 dir
```

此时，如果对 dir 目录的拥有组做出修改，则 dir 目录中的子文件也会同步继承。

```
[root@instructor ~]# chgrp  edward  dir
[root@instructor ~]# touch  dir/file
[root@instructor ~]# ls  -l   dir/file
-rw-r--r--. 1 root edward 0 Apr 22 04:06 dir/file
```

t（粘贴位）也是针对目录的，但含义和 SGID 不同，t 权限是让对目录有写入权限的用户只能"碰"自己建立的文件，而对于其他人建立的文件只允许读。这类权限一般用于公共性目录，如/tmp 目录默认对其他人身份设置 t 权限。假如没有 t 权限，则任何用户都可以在/tmp 目录中删除别人建立的文件（因为其他人身份上有 w 权限）。为了防止出现这种现象，就可以在/tmp 其他人身份上增加 t 权限进行保护，这时只有文件的拥有者才可以删除/tmp 中的文件。

```
drwxrwxrwt. 97 root root 8192 Apr 22 04:13 /tmp
```

以上三个特殊权限都是在原来的 x 权限上添加的。它们和普通权限一样，也用数字来表达，分别是 4（SUID）、2（SGID）和 1（t）。使用数字表达时，需要在普通权限前面一位进行设置。例如，再次观察/usr/bin/passwd 可执行文件的权限。

```
[root@instructor ~]# ls  -l /usr/bin/passwd
-rwsr-xr-x. 1 root root 34512 Aug 13  2018 /usr/bin/passwd
```

此文件如果用数字表达的话应为 4755。其中，4 表示 SUID，比较好理解。但有些读者会有一个疑问，其中的"s"设置在原来"x"的位置，那执行权限还存在吗？如果不存在，那么答案就不是 4775，而是 4655。其实，通过推理也可以判断出执行权限是存在的，因为如果没有执行权限，也就无法以拥有人的身份执行该命令。另一种判断方式是，如果字母"s"是大写的，则原来的"x"不存在。其他两个特殊权限与此相同。例如，把/tmp

中其他人身份上的执行权限去掉，则 t 权限使用大写字母"T"表示。

```
[root@instructor ~]# chmod  o-x  /tmp/
[root@instructor ~]# ls -ld /tmp/
drwxrwxrwT. 97 root root 8192 Apr 22 04:27 /tmp/
```

3.8 本章小结

　　本章介绍了用户、群组和权限的设置。任何操作人员都必须以某个用户的身份登录系统进行操作，而用户又可以加入某个群组，如果对某个群组设置了权限，则该群组中所有用户都有相同的操作权限，这便是用户、群组和权限三者之间的关系。

　　用户信息存储在/etc/passwd 中，密码信息存储在/etc/shadow 中，群组信息存储在/etc/group 中。对这三个文件必须非常重视。虽然在 Linux 系统中可以使用图形界面设置用户、群组和权限，但熟悉命令行工具是每个 Linux 学习者必须掌握的技能。

第 4 章

ACL 对文件的访问

标准的文件权限只针对文件的"拥有人""拥有组"和"其他人"三个身份设置权限，面对更为复杂的人事体系，标准的权限设置很难满足更加灵活多变的权限需求，如要求不同的用户或群组对某个文件拥有不同的操作权限，这时就要用到 ACL。

4.1 对文件设置 ACL 权限

RHEL8 挂载文件系统后，默认支持 ACL 选项，但在早期的版本中，如 RHEL5 和 RHEL6 中并不尽然。必须先确保文件系统支持 ACL 选项。例如，可以使用 tune2fs 命令查看 ext4 类型的文件系统是否开启了 ACL 选项。

```
[root@instructor ~]# tune2fs  -l /dev/sdb1
tune2fs 1.44.3 (10-July-2018)
Filesystem volume name:   <none>
Last mounted on:          <not available>
Filesystem UUID:          3dc08216-df88-49e2-b64c-abfd1b2ca534
Filesystem magic number:  0xEF53
Filesystem revision #:    1 (dynamic)
Filesystem features:      has_journal ext_attr resize_inode dir_index
sparse_super large_file huge_file dir_nlink extra_isize metadata_csum
Filesystem flags:         signed_directory_hash
Default mount options:    user_xattr acl
```
① 开启了ACL选项

当某个文件系统支持 ACL 选项时，可以对其进行 ACL 权限的设置。可以使用 setfacl 命令进行设置，使用 getfacl 命令查看权限。

下面演示 ACL 权限的设置方法。例如，要对 file 文件设置 ACL 权限，要求用户 jess 可以写，群组 sale 只能读，设置如下：

```
[edward@instructor ~]$ setfacl  -m u:jess:rw file
[edward@instructor ~]$ setfacl  -m g:sale:r  file
```

setfacl 命令后面的 "m" 选项表示修改，"u" 选项用于指定某个用户名，"g" 选项用于指定某个群组名。需要注意的是，如果 "u" 或 "g" 选项后面不加具体的用户名或群组名，则对文件的拥有人和拥有组修改权限。

设置完成后，使用 "ls –l file" 命令查看时，会发现权限上多了一个 "+" 符号。

```
-rw-rw-r--+ 1 edward edward 0 Apr 23 03:52 file
```

如果发现某个文件权限上多了一个 "+" 符号，则说明这个文件被设置了 ACL 权限。这时需要使用上面提到的 getfacl 命令查看具体细节。

```
[edward@instructor ~]$ getfacl    file
# file: file
# owner: edward
# group: edward
user::rw-          ① 文件拥有人权限
user:jess:rw-      ② 指定用户的权限
group::rw-         ③ 文件拥有组权限
group:sale:r--     ④ 指定组的权限
mask::rw-          ⑤ ACL掩码
other::r--         ⑥ 文件其他人的权限
```

前三个注释信息标识文件的名称、拥有人身份和拥有组身份。可能有读者会对 mask 这一项有疑问，其实 mask 条目是对 "文件指定用户" "文件拥有组" 和 "文件指定组" 设置的最大权限。例如，把上面的 mask 条目强行设置成只读。

```
[edward@instructor ~]$ setfacl  -m m:r  file
[edward@instructor ~]$ getfacl  file
# file: file
# owner: edward
# group: edward
user::r--
user:jess:rw-                           #effective:r--
group::r--
group:sale:r--
mask::r--
other::r--
```

由于把 mask 条目强行改成了只读，并且根据 mask 的定义，此时用户 jess 只能读取 file 文件，因此 mask 条目限制了指定用户的有效权限。

如果想使某个新文件和一个已经存在的文件拥有相同的 ACL 权限，可以通过 getfacl 命令以输入的方式赋予新文件相同的权限。例如，对 newfile 文件和 file 文件设置相同的 ACL 权限。

```
[edward@instructor ~]$ getfacl file | setfacl --set-file=- newfile
[edward@instructor ~]$ getfacl newfile                    ① "-"表示接收标准输入
# file: newfile
# owner: edward
# group: edward
user::rw-
user:jess:rw-
group::rw-
group:sale:r--
mask::rw-
other::r--
```

4.2 对目录设置 ACL 权限

上一节介绍了如何对文件设置 ACL 权限，目录这种特殊结构的文件也支持 ACL 权限的设置。对目录设置 ACL 权限时有两种形式：设置递归 ACL 权限和设置默认 ACL 权限。

1. 设置递归 ACL 权限

通过使用-R 选项，可以以递归形式对目录及其子文件设置 ACL 权限。需要指出的是，如果不希望目录中的子文件继承"x"权限，则要使用大写字母"X"，如下所示。

```
[root@instructor ~]# setfacl  -R -m u:edward:rwX  /rhel
[root@instructor ~]# cd /rhel
[root@instructor rhel]# getfacl  test
# file: test
# owner: root
# group: root
user::rw-
user:edward:rw-    ①  并没有继承 "x" 权限
group::r--
mask::rw-
other::r--
```

注意:以递归形式对目录设置 ACL 权限时,只有已经存在的子文件才会自动继承 ACL 权限,而新建的子文件默认不会继承 ACL 权限。例如,继续在/rhel 目录中建立 newtest 文件,发现该文件上没有 "+" 符号,说明它没有继承 ACL 权限。

```
[root@instructor rhel]# touch newtest
[root@instructor rhel]# ls  -l
total 0
-rw-r--r--. 1 root root 0 Apr 23 17:27 newtest
-rw-rw-r--+ 1 root root 0 Apr 23 17:25 test
```

2. 设置默认 ACL 权限

为了让目录中新建立的子文件或子目录继承 ACL 权限,需要为目录设置默认 ACL 权限。需要注意的是,默认 ACL 权限的设置只对子文件或子目录有效。为了让读者了解这一点,下面做一个演示。

创建一个名为 pro 的目录,并且为该目录设置用户 jess 能够继承的默认 ACL 权限。

```
[root@instructor ~]# setfacl  -d -m u:jess:rwX  /pro
[root@instructor ~]# getfacl  /pro
getfacl: Removing leading '/' from absolute path names
# file: pro
# owner: root
# group: root
user::rwx
group::r-x
other::r-x
default:user::rwx
default:user:jess:rwx
default:group::r-x
default:mask::rwx
default:other::r-x
```

在/pro 中建立一个名为 dir 的子目录和一个名为 file 的子文件,并查看 ACL 权限。

```
[root@instructor ~]# getfacl  /pro/dir
getfacl: Removing leading '/' from absolute path names
# file: pro/dir
# owner: root
# group: root
user::rwx
user:jess:rwx
group::r-x
mask::rwx
other::r-x
default:user::rwx
default:user:jess:rwx

default:group::r-x
default:mask::rwx
default:other::r-x

[root@instructor ~]# getfacl  /pro/file
getfacl: Removing leading '/' from absolute path names
# file: pro/file
# owner: root
# group: root
user::rw-
user:jess:rwx                        #effective:rw-
group::r-x                           #effective:r--
mask::rw-
other::r--
```

切换成用户 jess，测试在/pro 目录下是否可以创建子文件或子目录。

```
[jess@instructor ~]$ mkdir /pro/jessdir
mkdir: cannot create directory '/pro/jessdir': Permission denied
[jess@instructor ~]$ touch /pro/jessfile
touch: cannot touch '/pro/jessfile': Permission denied
```

结果是失败的，说明默认 ACL 权限对父目录本身是不生效的。下面验证其对子文件

和子目录是否生效。

在刚才创建的/pro/dir 中创建一个目录，再对/pro/file 文件进行编辑。

```
[jess@instructor pro]$ mkdir /pro/dir/jessdir
[jess@instructor pro]$ echo "hello jess" >> /pro/file
[jess@instructor pro]$ cat /pro/file
hello jess
```

结果是成功的，再次说明默认 ACL 权限对子文件和子目录是生效的。

4.3 删除 ACL 权限

下面说明一下如何删除文件或目录中的 ACL 权限。使用"setfacl [-R] -b filename| directoryname"命令可以一次性将文件或目录中的 ACL 权限全部删除。在此之后，使用"ls -l"命令查看时，"+"符号就消失了。

如果只想删除某些 ACL 权限条目，需要使用"x"选项来指定需要删除的条目。

例如，如果希望删除指定用户的 ACL 权限，可以使用"setfacl –x u:name filename"；如果希望删除指定组的 ACL 权限，则可以使用"setfacl –x g:name filename"。

如果希望删除某个默认 ACL 权限，则可以使用"setfacl -x d:u:name directoryname"；如果希望删除目录中所有的默认 ACL 权限，则可以使用"setfacl -k directory"。

4.4 本章小结

当标准的文件权限难以满足复杂多变的文件访问需求时，ACL 是个不错的选择。通过设置 ACL 权限，可以实现对同一文件或目录有不同的访问权限。

setfacl 命令用于设置 ACL 权限，而 getfacl 命令用于查看 ACL 权限。除文件外，目录也可以设置 ACL 权限。对目录进行设置时，有两种不同的形式——设置递归 ACL 权限和设置默认 ACL 权限。对于前者，当父目录下存在子文件时，子文件会继承父目录的 ACL 权限。对于后者，新建的子文件或子目录会继承特定的 ACL 权限，这要求读者非常明确。

第 5 章

管理 Linux 进程

进程是一组资源的集合，其中有可执行的代码、进程描述符、PID、打开的文件、一个或多个可执行的线程等。当某个静态程序从硬盘载入内存中执行时，就会产生进程。Linux 系统管理员必须掌握与进程相关的知识。本章将详细介绍这些内容，包括进程的状态，以及如何查看进程和管理进程。后续章节还会深入探讨多进程的调度。

在 Linux 系统中，其实没有明确区分线程和进程，内核并没有为线程单独设计一套管理机制。线程可以被看成一种特殊的进程，这一点和 Windows 系统不同。

5.1　进程的产生与进程的状态

当产生一个进程时，该进程的所有信息都会被保存在一个叫作进程描述符的结构中。进程描述符中一般存有进程打开的文件、进程的地址空间、进程挂起的信号、进程的状态和 PID 等信息。内核通过为进程分配 PID 来标识每个进程。PID 是一个数值，其最大值代表系统中可以创建的进程数量的上限，可以通过修改/proc/sys/kernel/pid_max 参数来增大此上限。在 RHEL8 系统中，该值默认为 131072。

进程是如何产生的呢？在 Linux 系统中，通过 fork()系统调用产生进程，该系统调用复制父进程来创建一个子进程，每个子进程也有一个 PID，由于子进程是复制父进程产生的，因此子进程有和父进程一样的文件、环境变量等资源。子进程执行程序代码，并通过 exit()系统调度退出执行。父进程通过 wait()系统调用查询退出的子进程的信息，并释放所有资源。图 5-1 展示了进程的生命周期。

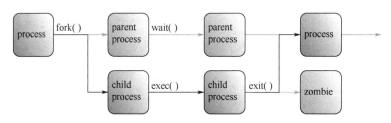

图 5-1   进程的生命周期

现在的系统都是多用户和多任务型的。所谓多用户就是允许多个用户登录同一个系统进行各种工作，而多任务指的是允许多个进程并发执行。无论是在单核 CPU 还是多核 CPU 中，在某个时间点上总会有一个进程正在执行（R 状态），其他进程会由于各种原因处在不同状态，这些状态信息被保存在文件描述符 state 域中。常见的状态有以下 5 种。

（1）TASK_RUNNING：进程正在运行或在运行队列中等待运行，top 命令中"S"列代表状态值，其中"R"代表运行状态。

```
top - 20:45:27 up 4 min,  1 user,  load average: 0.63, 0.78, 0.37
Tasks: 351 total,   4 running, 347 sleeping,   0 stopped,   0 zombie
%Cpu(s):  1.7 us,  0.7 sy,  0.0 ni, 97.3 id,  0.0 wa,  0.0 hi,  0.3 si,  0.0 st
MiB Mem :   3758.6 total,   1461.9 free,   1500.1 used,    796.6 buff/cache
MiB Swap:   2048.0 total,   2048.0 free,      0.0 used.   1991.9 avail Mem

  PID USER      PR  NI    VIRT    RES    SHR S  %CPU  %MEM     TIME+ COMMAND
 8012 root      20   0 2888852 163112  89664 S   1.3   4.2   0:08.13 gnome-shell
 8789 root      20   0   64140   4984   3920 R   0.7   0.1   0:00.19 top
```

（2）TASK_STOPPED：停止状态，处于此状态的进程是无法投入运行的，除非向进程发送 SIGCONT 信号恢复运行。例如，使用"ps j|grep firefox"命令查看进程状态，带有

字母 "T" 的代表停止状态（其中的 "l" 代表多线程）。

```
[root@instructor ~]# ps  j | grep  firefox
  8475   9009   9009   8475 pts/0     9301 Tl      0   0:01 /usr/lib64/firefox/firefox
  9009   9082   9009   8475 pts/0     9301 Tl      0   0:00 /usr/lib64/firefox/firefox -contentproc -childID 1 -isForBrowser -boolPrefs 30
2:0| -stringPrefs 288:36;b01495cf-813b-42e2-b063-cdc6095e7a2c| -schedulerPrefs 0001,2 -greomni /usr/lib64/firefox/omni.ja -appomni /usr/lib6
4/firefox/browser/omni.ja -appdir /usr/lib64/firefox/browser 9009 tab
  9009   9121   9009   8475 pts/0     9301 Tl      0   0:00 /usr/lib64/firefox/firefox -contentproc -childID 2 -isForBrowser -boolPrefs 30
2:0| -stringPrefs 288:36;b01495cf-813b-42e2-b063-cdc6095e7a2c| -schedulerPrefs 0001,2 -greomni /usr/lib64/firefox/omni.ja -appomni /usr/lib6
4/firefox/browser/omni.ja -appdir /usr/lib64/firefox/browser 9009 tab
```

（3）TASK_INTERRUPTIBLE：可中断睡眠状态，此状态说明进程处于阻塞中，通常是等待某些条件的到来，一旦条件满足则进入运行状态。系统中的大部分进程都处于睡眠状态，调度程序就是为了实现从这些睡眠状态的进程中挑选合适的进程投入运行的策略。使用 ps 或 top 命令可以看到很多进程处于字母 "S" 表示的状态，这就是睡眠状态。

PID	USER	PR	NI	VIRT	RES	SHR	S	%CPU	%MEM	TIME+	COMMAND
8789	root	20	0	64140	4984	3920	S	0.7	0.1	0:05.26	top
1131	root	20	0	401624	30488	14148	S	0.3	0.8	0:00.45	tuned
8145	root	20	0	177712	29728	8216	S	0.3	0.8	0:02.30	sssd_kcm
8470	root	20	0	522760	44388	30248	S	0.3	1.2	0:09.06	gnome-terminal-

（4）TASK_UNINTERRUPTIBLE：不可中断睡眠状态，和上一个睡眠状态不同，它不会响应信号，通常是等待某些 I/O。例如，某个进程对磁盘发出读写请求时，在等待磁盘的过程中不希望被打断。其实，这类进程是为了保持系统中的数据一致性。通常，这类进程都是短暂的，使用字母 "D" 来表示这种状态。使用 ps 命令一般获取不到这类进程。为了演示 D 状态的进程，这里使用 stress-ng 压力测试工具模拟发送 I/O 请求，然后使用 top 命令获取带有字母 "D" 的进程。

3264	root	20	0	48144	2728	404	D	25.2	0.1	0:02.36	stress-ng-hdd

（5）EXIT_ZOMBIE：僵尸状态，当进程运行完成后，进程的文件描述符仍然保留在内存中，此时进程被设置为僵尸状态，直到父进程通过 wait()系统调用查询子进程的退出状态后收回所有资源。但如果父进程未能实现 wait()，则子进程运行完成后就一直处于僵尸状态，大量的僵尸进程会消耗 PID，这里 PID 是有限的，因此应该避免出现过多的僵尸进程。为了演示僵尸进程的效果，这里编写一个名为 zomble 的程序，运行后使用 ps 命令

获取带有字母"Z"的进程，这就是僵尸进程。

```
[root@promote ~]# ps  aux |grep zomble
root        3926  0.0  0.0   4216    348 pts/2     S+   22:03   0:00 ./zomble
root        3927  0.0  0.0      0      0 pts/2     Z+   22:03   0:00 [zomble] <defunct>
```

5.2　查看进程

作为系统管理员，在工作中要经常查看进程以便获得相关信息。Linux 系统提供了丰富的命令去查看和管理进程。本节就详细介绍查看进程的命令。

在 RHEL8 系统中有一个用来查看进程的图形界面工具——System Monitor。这个图形界面工具类似于 Windows 系统中的任务管理器，如图 5-2 所示。

Process Name	▼	User	% CPU	ID	Memory	Disk read tota	Disk write tot	Disk read	Disk write	Priority
accounts-daemon		root	0	1077	884.0 KiB	340.0 KiB	8.0 KiB	N/A	N/A	Normal
acpi_thermal_pm		root	0	125	N/A	N/A	N/A	N/A	N/A	Very High
alsactl		root	0	944	140.0 KiB	N/A	N/A	N/A	N/A	Very Low
ata_sff		root	0	411	N/A	N/A	N/A	N/A	N/A	Very High
atd		root	0	1164	204.0 KiB	56.0 KiB	N/A	N/A	N/A	Normal
at-spi2-registryd		root	0	8044	788.0 KiB	N/A	N/A	N/A	N/A	Normal
at-spi-bus-launcher		root	0	8036	748.0 KiB	N/A	N/A	N/A	N/A	Normal
auditd		root	0	899	660.0 KiB	136.0 KiB	136.0 KiB	N/A	N/A	High
bash		root	0	8499	1.7 MiB	472.0 KiB	N/A	N/A	N/A	Normal
boltd		root	0	2255	780.0 KiB	172.0 KiB	N/A	N/A	N/A	Normal
cpuhp/0		root	0	13	N/A	N/A	N/A	N/A	N/A	Normal
crond		root	0	1151	884.0 KiB	124.0 KiB	N/A	N/A	N/A	Normal
crypto		root	0	24	N/A	N/A	N/A	N/A	N/A	Very High
cupsd		root	0	1120	1.4 MiB	1.5 MiB	12.0 KiB	N/A	N/A	Normal
dbus-daemon		root	0	7935	1.5 MiB	N/A	N/A	N/A	N/A	Normal
dbus-daemon		root	0	8041	652.0 KiB	N/A	N/A	N/A	N/A	Normal
dconf-service		root	0	8228	640.0 KiB	100.0 KiB	80.0 KiB	N/A	N/A	Normal

End Process

图 5-2　System Monitor

打开这个工具时，默认显示的是"Processes"页面，其中包括具体的进程信息。选中某个进程并右击，会出现更多针对该进程的操作，如图 5-3 所示。

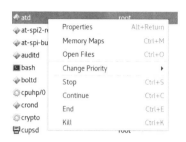

图5-3　针对某个进程的操作

该工具还有"Resources"和"File Systems"两个页面，其中"Resources"页面用于监控系统中的 CPU 资源、内存资源和网络资源，如图 5-4 所示。

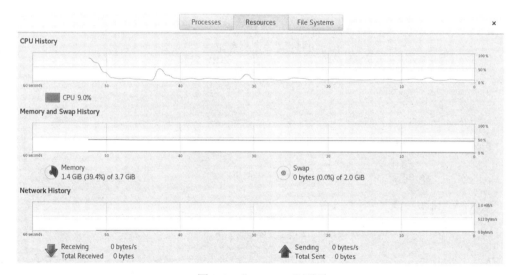

图5-4　"Resources"页面

"File Systems"页面用于统计文件系统使用率，如图 5-5 所示。

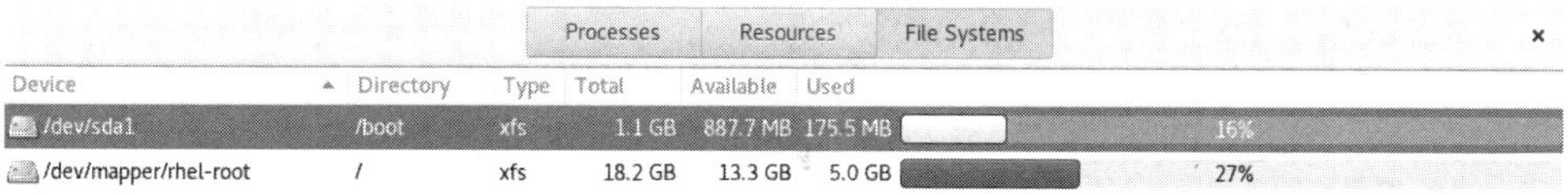

Device		Directory	Type	Total	Available	Used		
/dev/sda1	▲	/boot	xfs	1.1 GB	887.7 MB	175.5 MB		16%
/dev/mapper/rhel-root		/	xfs	18.2 GB	13.3 GB	5.0 GB		27%

图5-5　"File Systems"页面

当然，在生产环境中基本不用图形界面工具，而是使用命令来查看和管理进程，接下来介绍几个常用的命令。

1. ps 命令

该命令的全称是 Process Status。它支持以下三种选项格式。

（1）UNIX 格式，前面必须有 "-"。

（2）BSD 格式，前面不能加上 "-"。

（3）GNU 格式，必须以 "--" 开头。

ps 命令有着丰富的选项，如果不指定任何选项，则只输出当前用户在当前控制终端下的进程。

```
[root@instructor ~]# ps
    PID TTY          TIME CMD
   9312 pts/0    00:00:00 bash
   9336 pts/0    00:00:00 ps
```

PID：进程号。

TTY：当前使用的终端号。

TIME：运行时间。

CMD：进程名称。

上面的输出会让读者产生疑惑：难道系统中目前只有两个进程吗？很显然不是。之前提到 ps 命令有不同的格式，为了让读者了解它们的区别，下面分别列出三种不同格式下常用的一些选项（当然，每个 Linux 系统管理员都有自己的选项使用习惯，对此没有硬性规定）。

表 5-1 列出了 UNIX 格式下常用的选项。

表 5-1　UNIX 格式下常用的选项

选　项	说　明
-e	显示所有进程，功能和-A 一样
-u	显示有效 UID 在 userlist 列表中的进程
-l	显示长格式

续表

选　项	说　明
-j	显示作业格式
-L	显示线程
-x	显示无控制终端的进程
-f	以完整形式显示
-a	显示除 session leader 外的所有进程

例如，在命令行中输入"ps –aux"命令显示所有进程。

ps -aux：

```
USER        PID %CPU %MEM    VSZ    RSS TTY      STAT START    TIME COMMAND
```

这里省去了具体的进程输出，下面详细介绍有哪些有用的输出信息。

USER：进程的拥有人。

PID：进程（在-ef 输出中有个 PPID 是用来标识父子进程的）。

%CPU：进程占用的 CPU 百分比。

%MEM：进程占用的内存百分比。

VSZ：进程占用的虚拟内存（KB）。

RSS：进程占用的物理内存（KB）。

TTY：进程使用的终端，若无终端，则显示"?"。

STAT：进程状态。

START：进程触发启动的时间。

TIME：进程实际使用 CPU 的时间。

COMMAND：进程名称。

表 5-2 列出了 BSD 格式下常用的选项。

表5-2　BSD 格式下常用的选项

选　　项	说　　明
e	显示所有进程，并且显示环境变量
l	显示长格式
f	以分层形式显示，注意它和-f 的区别
a	显示与任意终端关联的所有进程
j	以 BSD 控制作业的格式显示进程

例如，想查看某个状态为"T"的进程，使用"ps –j"命令是没有结果的，但使用"ps j"命令则可以查看到结果。如下所示。

```
[root@instructor ~]# ps  -j
   PID   PGID    SID TTY         TIME CMD
  9312   9312   9312 pts/0   00:00:00 bash
 11971  11971   9312 pts/0   00:00:00 sleep
 11999  11999   9312 pts/0   00:00:00 ps
[root@instructor ~]# ps  j |grep  sleep
  9312  11971  11971   9312 pts/0      12006 T         0   0:00 sleep 1000
```

表 5-3 列出了 GNU 格式下常用的选项。

表5-3　GNU 格式下常用的选项

选　　项	说　　明
--deselect	显示所有进程，功能和 N 选项一样
--userlist	显示有效 UID 在 userlist 列表中的进程
--pid	显示 PID 在 pidlist 列表中的进程
--sort	按照某一列排序输出

例如，下面的命令是按照内存的占用百分比排序输出，由于输出内容太多，因此使用 head 命令默认只显示十行。

```
[root@instructor ~]# ps aux  --sort=%mem  |head
USER       PID %CPU %MEM    VSZ   RSS TTY      STAT START   TIME COMMAND
root         2  0.0  0.0      0     0 ?        S    18:34   0:00 [kthreadd]
root         3  0.0  0.0      0     0 ?        I<   18:34   0:00 [rcu_gp]
root         4  0.0  0.0      0     0 ?        I<   18:34   0:00 [rcu_par_gp]
root         6  0.0  0.0      0     0 ?        I<   18:34   0:00 [kworker/0:0H-kblockd]
root         8  0.0  0.0      0     0 ?        I<   18:34   0:00 [mm_percpu_wq]
root         9  0.0  0.0      0     0 ?        S    18:34   0:00 [ksoftirqd/0]
root        10  0.0  0.0      0     0 ?        R    18:34   0:01 [rcu_sched]
root        11  0.0  0.0      0     0 ?        S    18:34   0:00 [migration/0]
root        12  0.0  0.0      0     0 ?        S    18:34   0:00 [watchdog/0]
```

注意：在%mem 前如果加上 "-"，则是以降序输出。

如果想获取特定的输出信息，可以借助-o 选项。例如，只想输出 pid、ppid、comm 这三个特定信息时，可以使用以下命令。

```
[root@instructor ~]# ps -o pid,ppid,comm
  PID   PPID COMMAND
 8354   8349 bash
 8773   8354 ps
```

2. top 命令

top 命令也是系统管理员经常使用的命令，它可以动态显示进程相关信息。top 命令的输出可以分为两部分：第一部分是系统的概况，包括登录用户数、平均负载、CPU、内存和 swap 信息等；第二部分则是具体的进程信息，如下所示。

```
top - 02:57:32 up 6 min,  1 user,  load average: 0.24, 0.64, 0.39
Tasks: 314 total,   2 running, 312 sleeping,   0 stopped,   0 zombie
%Cpu(s):  1.0 us,  1.7 sy,  0.0 ni, 97.0 id,  0.0 wa,  0.0 hi,  0.3 si,  0.0 st
MiB Mem :   3758.6 total,   1926.4 free,   1219.5 used,    612.6 buff/cache
MiB Swap:   2048.0 total,   2048.0 free,      0.0 used.   2280.7 avail Mem

   PID USER      PR  NI    VIRT    RES    SHR S  %CPU  %MEM     TIME+ COMMAND
  7984 root      20   0 2875400 158116  90280 S   1.0   4.1   0:06.06 gnome-shell
  8530 root      20   0   64124   4840   3948 R   1.0   0.1   0:01.25 top
  8278 root      20   0  549472  36980  30472 S   0.7   1.0   0:00.48 vmtoolsd
  8008 root      20   0  262368  53396  37052 S   0.3   1.4   0:00.38 Xwayland
  8474 root      20   0  520984  43140  30360 S   0.3   1.1   0:01.26 gnome-terminal-
     1 root      20   0  244640  13856   9024 S   0.0   0.4   0:02.28 systemd
     2 root      20   0       0      0      0 S   0.0   0.0   0:00.00 kthreadd
```

上面的输出被黑色的线一分为二。第一行中重要的输出有当前时间、系统运行时间和 load average（平均负载）。load average 中总共有三个数值，分别代表 1 分钟、5 分钟和 15 分钟的平均负载。关于平均负载的指标也可以使用 w 命令或 uptime 命令获取。这个值虽然和 CPU 个数有关，但并非等同于 CPU 使用率，初学者往往认为 CPU 使用率过高会造成平均负载增大。先来看一下平均负载的定义（查看 man uptime）。平均负载指的是处于运行状态（R）的进程数或处于不可中断睡眠状态（D）的进程数。假设演示计算机只有 1 个 CPU，如果 R 状态的进程超过 1 个，则平均负载就会增大，这时平均负载和 CPU 使用率是有关系的。但如果 D 状态的进程很多，那么此时 CPU 使用率并不高，因为 D 状态的进程一般是等待 I/O，并没有在 CPU 上运行。但根据平均负载的定义，D 状态的进程也会被记录到平均负载中，如果 D 状态的进程过多，平均负载也会增大，但在这种情况下平均负载就和 CPU 使用率没有太大关系了。

第二行是进程状态统计，共有 314 个进程，其中 2 个正在运行，其余进程都处于睡眠状态。

第三行是有关 CPU 的信息。按数字"1"键可以查看当前系统中的 CPU 个数，如果只有一个 CPU，则会显示"Cpu0"。

```
%Cpu0  :  1.7 us,  1.0 sy,  0.0 ni, 97.3 id,  0.0 wa,  0.0 hi,  0.0 si,  0.0 st
```

us：用户空间占用 CPU 的百分比。

sy：内核空间占用 CPU 的百分比。

ni：用户进程空间内改变过优先级的进程占用 CPU 的百分比。

id：CPU 空闲百分比。

wa：处于 I/O 等待的 CPU 百分比。

hi：花在硬中断上的时间。

si：花在软中断上的时间。

st：被虚拟机占用的时间。

第二部分就是具体的进程信息，具体指标如下。

PID：进程号。

USER：进程的拥有人。

PR：进程优先级。

NI：nice 值，影响 PR 值。

VIRT：进程占用的虚拟内存。

RES：进程占用的物理内存。

SHR：共享内存。

S：进程状态。

- R：运行状态。
- D：不可中断睡眠状态。
- T：停止状态。
- S：睡眠状态。
- Z：僵尸状态。

%CPU：占用 CPU 时间的百分比。

%MEM：占用内存的百分比。

TIME+：进程启动到目前为止的 CPU 总时长。

COMMAND：进程名称。

top 命令可以动态显示进程相关信息，默认 3 秒钟刷新一次，可以使用-d 选项自定义刷新周期。top 命令的输出会占用当前终端，可以按 Q 键退出执行。

3．pstree 命令

pstree 命令可以追踪一个进程的起源，同时可以查看 Linux 系统中的进程树结构，如下所示。

```
[root@instructor ~]# pstree
systemd─┬─ModemManager───2*[{ModemManager}]
        ├─NetworkManager───2*[{NetworkManager}]
        ├─VGAuthService
        ├─accounts-daemon───2*[{accounts-daemon}]
        ├─alsactl
        ├─atd
        ├─auditd─┬─sedispatch
        │        └─2*[{auditd}]
        ├─avahi-daemon───avahi-daemon
        ├─boltd───2*[{boltd}]
        ├─colord───2*[{colord}]
        ├─crond
        ├─cupsd
        ├─dbus-daemon───{dbus-daemon}
        ├─dnsmasq───dnsmasq
        ├─firewalld───{firewalld}
        ├─fwupd───4*[{fwupd}]
```

由于输出内容比较多，这里仅截取其中一部分。可以看到在 RHEL8 系统中，systemd 进程是其他所有进程的"父亲"，这也是它的 PID 为 1 的原因（更多关于 systemd 的内容会在后续章节讲解）。

5.3 在后台运行任务

多个进程可以组成一个进程组，也称任务。一个任务可以包含一个进程或多个进程。例如，使用管道符组合多个命令，构成一个任务。

```
[root@instructor ~]# ifconfig ens33 |grep inet
```

在某些情况下，当一个任务运行时，会占用当前终端，直到此任务结束后，终端才会跳出。为了避免出现这种现象，可以把需要运行的任务通过"&"符号放到后台运行。

```
[root@instructor ~]# firefox   &
[1] 8546
```

Bash Shell 会为该后台任务分配一个作业号，用方括号标识，同时还会分配一个 PID。使用 jobs 命令可以显示任务列表。

```
[root@instructor ~]# jobs
[1]+  Running                 firefox &
```

"+"符号表示该进程为当前默认的进程。"Running"表示该进程正在运行。

任务可以以前台和后台两种方式运行。例如，上面的 firefox 进程就被放在后台运行，可以使用"fg %1"（%后面加的是作业号，即方括号中的数字）将在后台运行的任务放到前台运行。

```
[root@instructor ~]# fg %1
firefox
```

此时，当前终端会被占用。也可以通过按 Ctrl+Z 组合键停止当前正在运行的任务，如停止当前正在运行的 firefox 进程。

```
^Z
[1]+  Stopped                      firefox
```

此时，firefox 进程不再接收响应，状态为"Stopped"。

如果想在后台恢复运行该任务，可以使用"bg %1"。

```
[root@instructor ~]# bg %1
[1]+ firefox &
```

此时，firefox 进程可以继续在后台运行，不会占用当前终端。

5.4 管理进程和任务

前面介绍了如何查看进程。作为系统管理员，有时还需要对进程进行管理，如挂起某个进程、恢复某个进程或强行终止某个进程等。

通过给进程发送"信号"来控制进程是每个系统管理员必须掌握的技能。信号是一种预定义的消息，可以通过 kill 命令给特定进程发送信号。使用"kill –l"命令可以列出可用的信号。常见的信号见表5-4。

表5-4 常见的信号

信　号	名　称	说　明
1	SIGHUP	重新加载配置文件
9	SIGKILL	强行终止
15	SIGTERM	完整终结
19	SIGSTOP	暂停，等同于按 Ctrl+Z 组合键
18	SIGCONT	恢复运行

kill 命令的语法格式如下：

```
kill  [信号]  pid
```

很多读者可能对信号 15 和信号 9 有疑问，从最终的结果来看，两者都是终止某个进程，不过其过程有很大不同，这里通过一个利用 vim 编辑器编辑文件的实验来对这两种信号加以区分。

在 Shell 命令行中，使用 vim 编辑器编辑一个名为 sig15 的文件，输入如下内容并保存（注意：此时未退出 vim 编辑器，只是输入 w 进行保存）。

```
kill 15
~
~
:w
```

再打开一个 Shell 终端，输入 "kill -15 $(pidof vim)" 后，发现立即退出 vim 编辑器并显示如下信息。

```
[root@instructor ~]# vim sig15
Vim: Caught deadly signal TERM
Vim: preserving files...

Vim: Finished.
Terminated
```

该实验说明，vim 进程收到信号 15 后，会正常终止进程，因此会显示 "Finished"消息。接着，再次用 vim 编辑器打开刚才的文件，发现可以正常打开文件，其内容依然存在。

接下来，在命令行中使用 vim 编辑器编辑一个名为 sig9 的文件，内容如下。

```
kill 9
~
~
~
:w     |
```

再打开一个 Shell 终端，输入"kill -9 $(pidof vim)"后，发现立即退出 vim 编辑器并显示如下内容。

Killed9

当再次使用 vim 编辑器打开 sig9 文件时，发现不能正常打开并显示如下信息。

```
E325: ATTENTION
Found a swap file by the name ".sig9.swp"
          owned by: root    dated: Mon May 25 18:43:57 2020
          file name: ~root/sig9
          modified: no
          user name: root    host name: instructor
          process ID: 4734
While opening file "sig9"
          dated: Mon May 25 18:43:57 2020

(1) Another program may be editing the same file.  If this is the case,
    be careful not to end up with two different instances of the same
    file when making changes.  Quit, or continue with caution.
(2) An edit session for this file crashed.
    If this is the case, use ":recover" or "vim -r sig9"
    to recover the changes (see ":help recovery").
    If you did this already, delete the swap file ".sig9.swp"
    to avoid this message.

Swap file ".sig9.swp" already exists!
[O]pen Read-Only, (E)dit anyway, (R)ecover, (D)elete it, (Q)uit, (A)bort:
```

这说明当使用信号 9 时，会强行终止一个进程，此进程执行了一半就被强行"杀死"，因此会产生一个.swp 文件。

某些程序包含多个进程，这时可以使用 killall 命令后接进程名称来对该进程进行管理。例如, httpd 进程会产生好几个子进程，想一并强行终止时，可以使用"killall -9 httpd"，则 httpd 进程及其子进程全部会被"杀死"。

信号也可以用于对任务的管理。例如，通过发送 19 信号，让后台运行的 firefox 暂时停止运行。

```
[root@instructor ~]# kill -19 %1

[1]+  Stopped                 firefox
```

5.5 nice 值与进程优先级

现在的操作系统都是支持多任务的，就是说会有超出 CPU 个数的进程和线程需要运行。而不同进程的重要性是不同的，因此使用"优先级"对不同进程进行调度。

内核中，通过一个名为 MAX_PRIO 的宏定义了进程优先级的有效值范围为 0～139，总共 140 个优先级。数字越小，优先级越高，其中又分成非实时进程优先级 100～139 和实时进程优先级 0～99。实时进程的优先级要高于非实时进程。

系统管理员不能调节实时进程的优先级，但可以使用 nice 命令和 renice 命令对非实时进程的优先级进行调节。这里需要说明的是，nice 值不是优先级，而是影响优先级的一个权重值。在使用 top 命令时，可以看到"PR"和"NI"这两列值，分别代表进程优先级（Priority）和 nice 值。通过图 5-6 可以看出进程优先级和 nice 值的关系。

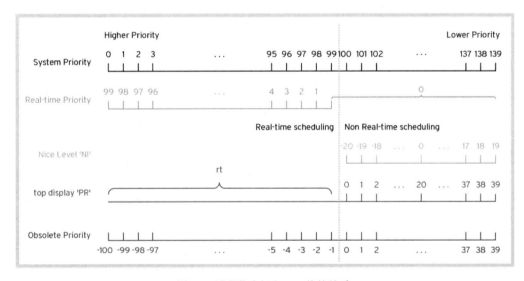

图 5-6　进程优先级和 nice 值的关系

nice 值的范围为-20～19，数字越小，所对应的优先级越高。在图 5-6 中，当 nice 值为-20 时，对应的非实时进程的优先级为 100，而 nice 值为 19 时，对应的优先级则是 139。nice 值是继承自父进程的，默认为 0。也就是说，开启一个新进程时，该新进程的 nice 值为 0。例如，当打开一个新的 bash 时，使用 nice 命令查看当前的 nice 值为 0。

```
[edward@instructor ~]$ bash
[edward@instructor ~]$ nice
0
```

在开启新进程时可以使用 "nice -n 进程名"，其中-n 选项用于指定优先级范围。需要注意的是，只有 root 用户才可以将 nice 值调整到负数，而普通用户只能在 0 的基础上增加数值，最大为 19。也就是说，普通用户只能把优先级调节得越来越低（数字越大，优先级越低）。未指定-n 选项时，默认 nice 值为 10。例如，开启一个 vim 编辑器进程。

```
[edward@instructor ~]$ nice  vim  file  &
[1] 9092
[edward@instructor ~]$ ps -o pid,comm,nice
  PID COMMAND        NI
 8788 bash            0
 9092 vim            10
 9094 ps              0
```

针对已经存在的进程修改 nice 值时，可以使用 "renice -n pid" 命令。例如，想修改上面的 vim 编辑器进程中的 nice 值时，可以使用下面的命令。

```
[edward@instructor ~]$ renice  -n 15  9092
9092 (process ID) old priority 10, new priority 15
[edward@instructor ~]$ ps -o pid,comm,nice
  PID COMMAND        NI
 8788 bash            0
 9092 vim            15
 9123 ps              0
```

由于使用的是普通用户身份，因此只能把 nice 值调成正数，调整后的结果是 15。

5.6　本章小结

本章介绍了进程方面的内容。系统管理员需要经常查看系统进程，包括发现异常进程，及时对异常进程进行处理等。因此，必须非常熟悉 ps、top 等各种查看进程的命令，同时要学会使用 kill 命令发送信号对进程进行各种处理。

进程分为非实时进程和实时进程。系统管理员和普通用户可以通过 nice 命令和 renice 命令对非实时进程的 nice 值进行修改，通过修改可以间接改变进程的优先级。

第 6 章

利用 systemd 管理系统

从 RHEL7 开始，PID 为 1 的进程就被 systemd 所代替。它是所有其他进程的父进程。通过 pstree 命令查看进程树时，可以看到 systemd 是整个系统中的第一个进程，systemd 作为系统的守护进程负责在系统启动时激活系统资源，开启服务进程。在学习 systemd 之前，先来了解之前的 Linux 发行版中使用的 init 进程。在之前的红帽系统中，PID 为 1 的进程为 SysV init。它作为引导系统的重要进程而被内核执行，同时执行一系列的初始化脚本，如设置时区、文件系统挂载网络配置等，启动各种服务的脚本存在/etc/init.d 目录下。同时，init 还有运行级别的概念，如级别 3 是字符界面，级别 5 是图形界面。同一个服务在不同级别下的状态也不尽相同，如在级别 3 下可能是开启的，在级别 5 下可能是关闭的。在 RHEL7 中，这些服务的脚本被 systemd 中的服务单元所替代。在 RHEL8 中，继续使用 systemd。

6.1　systemd 简介

systemd 是 Linux 系统中的系统和服务管理器，可以向后兼容 SysV init 脚本，并允许在引导系统时并行化启动服务。systemd 中提出了单元（unit）的概念。Linux 系统中的各种资源被分门别类地划分到不同单元中，可以使用 "systemctl -t help" 命令列出单元类型。表 6-1 列出了 systemd 常用的单元。

表 6-1　systemd 中常用的单元

单 元 类 型	单 元 名 称	单 元 描 述
服务单元	.service	系统服务
套接字单元	.socket	进程间通信套接字
路径单元	.path	文件系统中的文件或目录
挂载单元	.mount	文件系统挂载点
设备单元	.device	内核识别的设备文件
目标单元	.target	一组 systemd 单元
交换单元	.swap	swap 设备或 swap 文件

每个单元都有配置文件，单元配置文件存放路径见表 6-2。

表 6-2　单元配置文件存放路径

单元配置文件存放路径	描　　述
/usr/lib/systemd/system	与 RPM 软件包一起发布的 systemd 单元文件
/run/systemd/system	在运行时创建的单元配置文件，优先级高于第一个
/etc/systemd/system	系统管理员创建的单元配置文件，优先级高于第二个

6.2　利用 systemctl 命令查看单元信息

systemctl 命令用来管理各种类型的单元。在学习 systemctl 命令之前，先要确认当前系统中是否已经安装了 systemd（RHEL8 系统中默认安装）及安装版本。

```
[root@instructor ~]# systemctl --version
systemd 239
```

可以看出，RHEL8 系统中默认安装了 systemd，并且版本为 239。

如果想列出所有正在运行的单元，可以使用 "systemctl list-units" 命令。如果只想查看服务单元，可以加上 "- -type=service" 选项。

```
UNIT                          LOAD   ACTIVE SUB     DESCRIPTION
accounts-daemon.service       loaded active running Accounts Service
alsa-state.service            loaded active running Manage Sound Card State (restore and store)
atd.service                   loaded active running Job spooling tools
auditd.service                loaded active running Security Auditing Service
avahi-daemon.service          loaded active running Avahi mDNS/DNS-SD Stack
bolt.service                  loaded active running Thunderbolt system service
colord.service                loaded active running Manage, Install and Generate Color Profiles
crond.service                 loaded active running Command Scheduler
cups.service                  loaded active running CUPS Scheduler
dbus.service                  loaded active running D-Bus System Message Bus
dracut-shutdown.service       loaded active exited  Restore /run/initramfs on shutdown
firewalld.service             loaded active running firewalld - dynamic firewall daemon
fwupd.service                 loaded active running Firmware update daemon
gdm.service                   loaded active running GNOME Display Manager
```

表6-3列出了"systemctl list-units"命令输出字段。

表6-3　"systemctl list-units"命令输出字段

字　段	描　述
UNIT	单元名称
LOAD	该单元配置文件是否被成功加载
ACTIVE	高级别单元文件激活状态
SUB	低级别单元文件激活状态
DESCRIPTION	单元描述

查看所有单元已启用或已禁用的设置，可以使用如下命令：

```
systemctl list-unit-files
```

```
UNIT FILE                              STATE
proc-sys-fs-binfmt_misc.automount      static
-.mount                                generated
boot.mount                             generated
dev-hugepages.mount                    static
dev-mqueue.mount                       static
proc-fs-nfsd.mount                     static
proc-sys-fs-binfmt_misc.mount          static
sys-fs-fuse-connections.mount          static
sys-kernel-config.mount                static
sys-kernel-debug.mount                 static
tmp.mount                              static
var-lib-machines.mount                 static
var-lib-nfs-rpc_pipefs.mount           static
cups.path                              enabled
systemd-ask-password-console.path      static
systemd-ask-password-plymouth.path     static
systemd-ask-password-wall.path         static
session-2.scope                        transient
session-c1.scope                       transient
accounts-daemon.service                enabled
alsa-restore.service                   static
alsa-state.service                     static
anaconda-direct.service                static
anaconda-nm-config.service             static
anaconda-noshell.service               static
anaconda-pre.service                   static
anaconda-shell@.service                static
anaconda-sshd.service                  static
anaconda-tmux@.service                 static
anaconda.service                       static
arp-ethers.service                     disabled
```

输出中有"STATE"列，其中包括关键的三个值。

（1）enabled：表示该单元在下次开机时默认启动。

（2）disabled：表示该单元在下次开机时默认不启动。

（3）static：表示该单元不能自己启动，但可以作为其他单元的依赖。

想查看所有启动失败的服务单元，可使用以下命令：

```
systemctl --failed --type=service
```

如果要查看某个服务的当前状态，可以使用以下命令：

```
systemctl status name.service
```

例如，查看 sshd.service 的当前状态。

```
[root@instructor ~]# systemctl status   sshd
● sshd.service - OpenSSH server daemon
   Loaded: loaded (/usr/lib/systemd/system/sshd.service; enabled; vendor preset: enabled)
   Active: active (running) since Wed 2020-06-24 16:32:08 CST; 26min ago
     Docs: man:sshd(8)
           man:sshd_config(5)
 Main PID: 1282 (sshd)
    Tasks: 1 (limit: 23872)
   Memory: 2.3M
   CGroup: /system.slice/sshd.service
           └─1282 /usr/sbin/sshd -D -oCiphers=aes256-gcm@openssh.com,chacha20-poly1305@openssh.com,

Jun 24 16:32:08 instructor systemd[1]: Starting OpenSSH server daemon...
Jun 24 16:32:08 instructor sshd[1282]: Server listening on 0.0.0.0 port 22.
Jun 24 16:32:08 instructor sshd[1282]: Server listening on :: port 22.
Jun 24 16:32:08 instructor systemd[1]: Started OpenSSH server daemon.
```

表 6-4 列出了"systemctl status"命令的输出字段。

表6-4　"systemctl status"命令的输出字段

字　　段	描　　述
Loaded	单元是否被加载，单元文件的绝对路径和单元是否被启动
Active	服务单元是否正在运行的信息和时间戳
Main PID	服务的 PID
CGroup	相关 CGroup 信息

要启动一个服务单元，可以使用以下命令：

```
systemctl start name.service
```

要停止一个服务单元，可以使用以下命令：

```
systemctl stop name.service
```

要重启一个服务单元，可以使用以下命令：

```
systemctl restart name.service
```

要重新加载一个服务单元，可以使用以下命令：

```
systemctl reload name.service
```

开机时默认启动一个服务单元，可以使用以下命令：

systemctl enabled name.service

注意：该命令会为/etc/systemd/system/multi-user.target.wants/name.service 创建软链接到 /lib/systemd/system/name.service。例如，对 vsftpd.service 服务单元，使用该命令。

```
[root@instructor ~]# systemctl enable  vsftpd
Created symlink /etc/systemd/system/multi-user.target.wants/vsftpd.service → /usr/lib/systemd/system/vsftpd.service.
```

禁止自动开启某个服务单元，可以使用以下命令：

```
systemctl disable name.service
```

有时，系统中可能安装了相互冲突的服务，如 network 和 NetworkManager。为了防止意外启动相互冲突的服务，可以把其中一个屏蔽掉，命令如下：

```
systemctl mask name.service
```

注意：该命令会为/etc/systemd/system/name.service 创建一个指向/dev/null 的软链接文件。该软链接实际上是让 systemd 无法读取有效的服务单元配置文件。

若想解除屏蔽，可以使用以下命令：

```
systemctl unmask name.service
```

重新加载修改过的配置文件，可以使用以下命令：

```
systemctl daemon-reload
```

6.3　利用 target.unit 管理不同环境

在早期的 RHEL 系统中定义了一组运行级别（runlevel），编号为 0～6。由系统管理员启用特定的运行级别。不同运行级别所需要启动的服务脚本都放在/etc/rc.d 目录的子目录下。

```
drwxr-xr-x. 2 root root 87 Apr 19 23:34 init.d
drwxr-xr-x. 2 root root 62 Mar  6 02:01 rc0.d
drwxr-xr-x. 2 root root 62 Mar  6 02:01 rc1.d
drwxr-xr-x. 2 root root 62 Mar  6 02:01 rc2.d
drwxr-xr-x. 2 root root 62 Mar  6 02:01 rc3.d
drwxr-xr-x. 2 root root 62 Mar  6 02:01 rc4.d
drwxr-xr-x. 2 root root 62 Mar  6 02:01 rc5.d
drwxr-xr-x. 2 root root 62 Mar  6 02:01 rc6.d
```

例如，进入级别 3 时，就会在 rc3.d 目录中开启各种服务。不过从 RHEL7 开始，运行级别这个概念就被 systemd 的 target 所替代（但是依然可以使用 init 命令来切换级别，目的是兼容，不过要尽量避免使用该命令）。

target 单元是以.target 扩展名结尾的文件。target 单元的主要目的是通过依赖关系把一组 systemd 单元组合在一起。之前介绍过，target 单元类似于老版本中的运行级别，为了让读者了解两者的关系，表 6-5 对它们进行了对比。

表 6-5　运行级别与 target 单元

运 行 级 别	target 单元	描　　述
0	poweroff.target	关机
1	rescue.target	救援模式
2	multi-user.target	字符界面多用户模式
3	multi-user.target	字符界面多用户模式
4	multi-user.target	字符界面多用户模式
5	graphical.target	图形界面多用户模式
6	reboot.target	重启系统

注意：在老版本的 Linux 系统中可以通过 runlevel 命令查看当前正在使用的运行级别。

想确认正在使用的默认 target，可以使用以下命令：

```
systemctl get-default
```

想改变默认的 target，可以使用以下命令：

```
systemctl set-default name.target
```

想改变当前会话的 target，可以使用以下命令：

```
systemctl isolate name.target
```

注意：并非所有的 target 单元都可以使用 isolate 命令切换，它只能切换到单元配置文件中带有 AllowIsolate=yes 的 target。例如，通过命令 "systemctl cat multi-user.target" 查看 multi-user.target 的配置文件内容：

```
[Unit]
Description=Multi-User System
Documentation=man:systemd.special(7)
Requires=basic.target
Conflicts=rescue.service rescue.target
After=basic.target rescue.service rescue.target
AllowIsolate=yes
```

而 cryptsetup.target 单元配置文件中没有这一条目，因此切换到 cryptsetup.target 时会失败，如下所示。

```
[root@instructor ~]# systemctl isolate cryptsetup.target
Failed to start cryptsetup.target: Operation refused, unit may not be isolated.
```

之前提到过，target 单元的主要目的是将一组单元组合在一起。如果想查看某个 target 单元中包含哪些单元，如查看 multi-user.target 单元中有哪些单元，可以使用如下命令（这里仅截取部分内容）：

```
[root@instructor ~]# systemctl list-dependencies multi-user.target
multi-user.target
●  ─atd.service
●  ─auditd.service
●  ─avahi-daemon.service
●  ─crond.service
●  ─cups.path
●  ─dbus.service
●  ─dnf-makecache.timer
●  ─firewalld.service
●  ─irqbalance.service
```

如果某个单元前面有绿色的圆点，则代表该单元当前处于 Active 状态；如果有黑色的圆点，则代表该单元当前处于 Inactive 状态。

如果想知道当前的 target 单元被谁使用，可以加入"--reverse"选项。

```
[root@instructor ~]# systemctl list-dependencies multi-user.target --reverse
multi-user.target
●  └─graphical.target
```

上面的结果显示 multi-user.target 被 graphical.target 使用。

6.4 单元配置文件

在 6.2 节中提到过，单元是有配置文件的，该配置文件定义了 systemd 是如何启动这个单元的。本节重点介绍单元配置文件的相关内容，系统管理员必须熟练掌握单元配置文件，并学会自定义单元配置文件。

systemd 默认从/etc/systemd/system 中读取配置文件，但这个目录中存放的都是软链接文件，其指向/usr/lib/systemd/system 目录。注意：不建议直接修改/usr/lib/systemd/system 中的配置文件，如果需要修改，可以在/etc/systemd/system 目录下进行。

6.4.1 单元配置文件的结构

单元配置文件可以通过任何编辑器直接编辑，还可以使用"systemctl cat"命令查看单元配置文件的内容。例如，查看 sshd.service 服务单元配置文件的内容。

```
[root@instructor ~]# systemctl cat sshd.service
# /usr/lib/systemd/system/sshd.service
[Unit]
Description=OpenSSH server daemon
Documentation=man:sshd(8) man:sshd_config(5)
After=network.target sshd-keygen.target
Wants=sshd-keygen.target

[Service]
Type=notify
EnvironmentFile=-/etc/crypto-policies/back-ends/opensshserver.config
EnvironmentFile=-/etc/sysconfig/sshd
ExecStart=/usr/sbin/sshd -D $OPTIONS $CRYPTO_POLICY
ExecReload=/bin/kill -HUP $MAINPID
KillMode=process
Restart=on-failure
RestartSec=42s

[Install]
WantedBy=multi-user.target
```

配置文件的内容由[Unit]、[Service]、[Install]这三个段落块组成，下面分别介绍每个段落块的具体内容。

[Unit]段落块通常是配置文件的第一个段落块，用来定义单元，指定单元的行为及其与其他单元的依赖关系等。表 6-6 列出了[Unit]段落块中常见的字段。

表 6-6　[Unit]段落块中常见的字段

字　段	描　述
Description	对该单元的简要描述
Documentation	引用的文档列表
After	定义单元的启动顺序，After 中指定的单元启动后，当前单元才能顺利启动。Before 和 After 具有相反的功能
Requires	强依赖关系，如果 Requires 中指定的单元未能成功启动，则当前单元无法启动
Wants（推荐）	弱依赖关系，如果 Wants 中指定的单元未能成功启动，不会影响当前单元的启动
Conflicts	冲突项，Conflicts 中指定的单元不能与当前单元同时运行

注意：After 和 Before 选项用于说明单元的启动顺序，Requires 和 Wants 选项用于指定依赖关系。

为了方便理解，以 sshd.service 服务单元配置文件中的[Unit]段落块为例进行说明。

```
[Unit]
Description=OpenSSH server daemon
Documentation=man:sshd(8) man:sshd_config(5)
After=network.target sshd-keygen.target
Wants=sshd-keygen.target
```

Description 是对该服务单元的简要描述。由于使用了 After，因此必须等 network.target 和 sshd-keygen.target 这两个单元启动成功后，sshd.service 单元才能够启动。Wants 指定了弱依赖关系，这说明如果 sshd-keygen.target 单元未能成功启动，不会影响 sshd.service 的启动。

[Service]段落块用于指定服务单元如何启动、停止等。表 6-7 列出了[Service]段落块中常见的字段。

表 6-7　[Service]段落块中常见的字段

字　　段	描　　述
Type	定义单元进程的启动类型 Type=simple（默认值）：执行 ExecStart 指定的命令，启动主进程 Type=forking：以 fork 方式派生子进程，派生完成后父进程退出 Type=oneshot：与 simple 类似，但后续单元必须等当前进程退出后再运行 Type=dbus：与 simple 类似，但后续单元必须在主进程获得 D-BUS 名称后再执行 Type=notify：与 simple 类似，但后续单元必须在通过 sd_notify()函数发送通知消息之后再启动
ExecStart	指定单元启动时要执行的命令或脚本
ExecStop	指定单元停止时要执行的命令或脚本
ExecReload	指定单元重新加载时要执行的命令或脚本
ExecStartPre	指定启动当前单元之前要执行的命令或脚本
ExecStartPost	指定启动当前单元之后要执行的命令或脚本
ExecStopPost	指定停止当前单元之后要执行的命令或脚本
Environment	指定环境变量

同样，以 sshd.service 配置文件中的[Service]段落块为例来解释其中重要的几个字段。

```
[Service]
Type=notify
EnvironmentFile=-/etc/crypto-policies/back-ends/opensshserver.config
EnvironmentFile=-/etc/sysconfig/sshd
ExecStart=/usr/sbin/sshd -D $OPTIONS $CRYPTO_POLICY
ExecReload=/bin/kill -HUP $MAINPID
KillMode=process
Restart=on-failure
RestartSec=42s
```

当输入"systemctl start sshd.service"时，其实就是读取该段落块中 ExecStart 这一字段所定义的命令。ExecStart 将执行"/usr/sbin/sshd -D $OPTIONS $CRYPTO_POLICY"命令。

其中，$OPTIONS 和$CRYPTO_POLICY 是两个来自两行 EnvironmentFile 中的变量。EnvironmentFile 字段的功能和 Environment 类似，它允许从文本文件中读取环境变量。细心的读者可能会发现 EnvironmentFile 以 "-" 符号作为前缀。这表示后面的文件如果不存在，则不读取该文件，同时不会记录任何错误或警告信息。KillMode 字段表示如何结束服务。如果是 process，就代表只杀死主进程，而其他 sshd 子进程还存活。Restart 字段用于指定当服务进程退出、被杀死或超时时，是否重新启动该服务。如果是 on-failure，则代表服务进程以非零状态码退出时（不正常退出）会重启该服务。

最后一个配置段落块为[Install]。其中包含 systemctl enable 和 systemctl disable 命令所使用的单元安装信息。最常见的就是 WantedBy 字段，表示该服务安装在哪个 target 下。WantedBy=multi-user.target 表示 sshd.service 服务单元安装在 multi-user.target 下。这就是为什么使用 "systemctl enable sshd.service" 命令时，系统会自动在/etc/systemd/system 目录下的 multi-user.target.wants 子目录中创建一个名为 sshd.service 的软链接文件，并指向 /usr/lib/systemd/system/sshd.service，如下所示。

```
[root@instructor ~]# systemctl  enable sshd.service
Created symlink /etc/systemd/system/multi-user.target.wants/sshd.service → /usr/lib/systemd/system/sshd.service
```

如果输入 "systemctl disable sshd.service" 命令，则会删除该软链接文件，如下所示。

```
[root@instructor ~]# systemctl  disable sshd.service
Removed /etc/systemd/system/multi-user.target.wants/sshd.service
```

本节通过 sshd.service 这个服务，详细讲解了服务单元配置文件的内容，那么有些读者可能会有疑问：target 单元的配置文件又有哪些内容呢？可以通过 "systemctl cat multi-user.target" 命令查看 multi-user.target 单元的配置文件，如下所示。

```
[Unit]
Description=Multi-User System
Documentation=man:systemd.special(7)
Requires=basic.target
Conflicts=rescue.service rescue.target
After=basic.target rescue.service rescue.target
AllowIsolate=yes
```

Requires 字段表示启动 multi-user.target 时，必须先启动 basic.target，因为 Requires 是强依赖性字段。Conflicts 为冲突字段，如果 rescue.service 和 rescue.target 正在运行，则 multi-user.target 就不能运行。After 字段表示只有 basic.target、rescue.service 和 rescue.target 成功启动，multi-user.target 才会启动（After 字段表示的是启动顺序，并非依赖关系）。AllowIsolate=yes 代表可以使用"systemctl isolate multi-user.target"命令切换到 multi-user.target。

6.4.2　自定义单元配置文件

系统管理员一般出于两种目的自定义配置文件：一是自定义一个新守护进程，二是对已经存在的服务或自定义的服务进行参数调优。无论出于何种目的，系统管理员都可以自定义 systemd 的单元配置文件，下面分别演示。

1. 自定义服务

系统管理员创建一个新服务时，需要自定义单元配置文件。不过，在编写配置文件之前，需要为自定义的服务进程提供执行文件。该执行文件可以是脚本文件或其他可执行的文件。接下来，需要使用 root 用户身份在/etc/systemd/system 目录下创建单元配置文件，并确保它有正确的权限。

下面通过一个案例来讲解。案例中系统管理员希望创建一个名为 example.service 的服务单元。该服务其实是一个运行 "sha1sum /dev/null"命令的脚本。要求通过自定义配置文件成功运行该服务。具体步骤如下。

（1）创建 example.service 服务进程文件。

```
touch /etc/systemd/system/example.service
```

（2）查看 example.service 的内容。

```
[root@instructor system]# cat example.service
[Unit]
Description=example.service

[Service]
ExecStart=/usr/bin/bash -c "/usr/bin/sha1sum  /dev/zero"
Restart=on-failure

[Install]
WantedBy=multi-user.target
```

（3）编辑完成后，保存退出。接着运行"systemctl daemod-reload"命令让 systemd 进程读取新配置文件。

（4）最后使用"systemctl start example.service"命令启动 example.service 服务单元。使用 top 命令可以查看到 sha1sum 进程，如下所示。

```
 PID USER      PR  NI    VIRT    RES    SHR S  %CPU  %MEM     TIME+ COMMAND
8730 root      20   0   18640   1644   1368 R  96.4   0.0   6:25.47 sha1sum
```

2. 扩展现有的配置文件

有时需要对某个服务进行参数优化，这可以通过扩展现有的配置文件来实现。systemd 默认把系统安装的服务配置文件存储在/usr/lib/systemd/system 目录下。这里再次强调一下，当需要编辑配置文件时，不要直接对/usr/lib/systemd/system 目录下的内容进行修改。推荐的做法是把自定义的配置文件放置在/etc/systemd/system 目录下。

当希望扩展现有的配置文件并对其进行修改时，推荐的做法是首先在/etc/systemd/system 目录下建立一个子目录，如果是服务单元，则命名为/etc/systemd/systemd/name.service.d/，其中 name.service.d 可以替换成要修改的服务名称。接下来，在刚才创建的目录下创建自定义配置文件，需要注意的是，自定义配置文件必须以.conf 作为后缀名。下面通过修改之前自定义的 example.service 服务配置文件来演示如何扩展现有的服务配置文件文件。

当运行 example.service 服务时，通过 top 命令可以看到此服务会造成 CPU 使用率升高

（因为该服务运行了"sha1sum /dev/zero"命令）。可以通过扩展配置文件对该服务限制进程占用 CPU 时间的百分比。具体步骤如下。

（1）在/etc/systemd/system 目录下创建名为 example.service.d 的子目录。

```
[root@instructor ~]# cd /etc/systemd/system
[root@instructor system]# mkdir example.service.d
```

（2）进入 example.service.d 目录，创建名为 LimitCPU.conf 的扩展配置文件，内容如下。

```
[Service]
CPUQuota=30%
```

CPUQuota 表示为进程分配 CPU 时间配额。设置为 30%则代表进程不会超过总时间的 30%（以单个 CPU 的 100%为准）。

（3）保存退出后，执行"systemctl daemod-reload"命令让 systemd 读取新配置文件。

（4）通过 top 命令验证结果，发现 sha1sum 进程的 CPU 使用率最高为 30%，如下所示。

```
PID USER·    PR  NI   VIRT    RES    SHR S  %CPU  %MEM    TIME+ COMMAND
3223 root    20   0  18640   1744   1464 R  30.0   0.0  2:28.24 sha1sum
```

6.5 本章小结

本章介绍了非常重要的一个进程——systemd。它是所有其他进程的父进程，它负责管理系统中的各种单元。常见的单元有服务单元、目标单元、挂载单元、套接字单元等。作为系统管理员，必须非常熟悉这些单元的含义，同时学会利用 systemctl 命令对这些单元进行管理。

第 7 章

RHEL8 系统中的网络管理

在 RHEL8 系统中，默认管理网络的服务是 NetworkManager。它是一个动态的网络控制和配置守护进程。无论是无线网络还是有线网络都可以轻松地被 NetworkManager 所管理。需要特别指出的是，之前版本中的 network scripts 在 RHEL8 中已经不再支持。为了兼容之前的版本，传统的 ifcfg 类型的配置文件依旧存在。本章重点讲解如何利用 NetworkManager 服务及其提供的 nmcli 命令管理网络，还会讲解如何设置主机名等信息。

7.1　网络接口命令规则

老版本的红帽操作系统将网络接口命名为 ethx。x 代表网络接口的号码，如 eth0 代表系统启动后探测到的第一个网络设备。从 RHEL7 开始，系统将基于固件信息、PCI 总线拓扑及网络设备类型动态地为设备命名。在新版本的红帽操作系统中，使用 udev 设备管理器来实现网络设备的命名。

在 64 位系统中，网络接口的名称由两部分组成，第一部分是网络接口的类型。

- 以太网：en。
- WLAN：wl。
- WWAN：ww。

第二部分通过固件提供的信息或 PCI 设备中拓扑的位置确定。

- oN：代表板载设备，N 表示索引号码，如 o1。
- sN：代表热插拔设备，N 表示插槽号码，如 s2。
- x：代表名称中包括 MAC 地址，但 RHEL8 中默认不使用这种方式，除非管理员指定。
- pMsN：代表位于插槽 N 中总线 M 的设备，如 wlp4s0。

7.2　利用 nmcli 命令管理网络

nmcli 命令是 NetworkManager 提供的命令行管理工具。利用 nmcli 命令可以完成对网卡的设置工作，并且把配置信息永久保存在/etc/sysconfig/network-scripts 目录中。

最常用的两个 nmcli 命令是 nmcli device 和 nmcli connection。

利用 nmcli device（简写为 nmcli dev）命令可以列出系统中可用的网络设备，该命令可以接收很多参数，如 status、show、set、connect、disconnect、modify、delete 等。

例如，查看所有网络的状态。

```
[root@instructor ~]# nmcli device  status
DEVICE          TYPE          STATE        CONNECTION
ens33           ethernet      connected    ens33
virbr0          bridge        connected    virbr0
lo              loopback      unmanaged    --
virbr0-nic      tun           unmanaged    --
```

注意：带有"--"的表示非活动连接。

本章把重点放在 nmcli connection（简写为 nmcli con）命令上，它能够接收的参数有 show、up、down、add、modify、detele。

（1）查看所有网络连接。

```
[root@instructor ~]# nmcli connection  show
NAME    UUID                                        TYPE      DEVICE
ens33   2e9a842a-fa75-4bc9-b595-74137e775824        ethernet  ens33
virbr0  4f6adf98-3969-4570-83f7-7857ad8cc5de        bridge    virbr0
```

NAME 列代表的是网络连接 ID，并非设备的名称。任何设备都可以有多个连接，但同一时间只能有一个连接处于活动状态。如果只想列出活动连接，需要添加-active 选项。

（2）为网络设备添加新连接。

```
[root@instructor ~]# nmcli connection add con-name newcon ifname ens33  type ethernet  ipv4.addresses 172.25.0.1/24 \
> ipv4.gateway 172.25.0.254
Connection 'newcon' (dbc4c06b-4ce0-4c0a-9a67-6871e665ebc0) successfully added.
```

通过使用 add 选项为设备 ens33 添加名为 newcon 的新连接并指定 IP 地址和网关。其中，con-name 是指定新连接名称的参数，ifname 指定的是该网络设备的名称。

（3）控制网络连接。

```
[root@instructor ~]# nmcli connection up newcon
Connection successfully activated (D-Bus active path: /org/freedesktop/NetworkManager/ActiveConnection/4)
[root@instructor ~]# nmcli connection show
NAME    UUID                                        TYPE      DEVICE
newcon  dbc4c06b-4ce0-4c0a-9a67-6871e665ebc0        ethernet  ens33
virbr0  4f6adf98-3969-4570-83f7-7857ad8cc5de        bridge    virbr0
ens33   2e9a842a-fa75-4bc9-b595-74137e775824        ethernet  --
```

利用 nmcli con up 命令可以切换到新连接。需要注意的是，nmcli con up 后面接的是网络连接名称而非网络设备名称。

（4）修改网络连接。

```
nmcli connection modify newcon ipv4.addresses 172.16.0.1/24 ipv4.method manual  connection.autoconnect yes
```

该命令可以把刚才新建的 newcon 连接的 IP 地址修改成新的地址。其中，ipv4.method manual 的作用是告诉系统以手工的方式指定 IP 地址，connection.autoconnect yes 表示系统自动连接该网络。修改后不会立即生效，需要再次使用 nmcli con up newcon 命令激活。

（5）删除网络连接。

```
[root@instructor ~]# nmcli connection delete newcon
Connection 'newcon' (dbc4c06b-4ce0-4c0a-9a67-6871e665ebc0) successfully deleted.
```

该命令可以删除某个网络连接。

7.3　手动修改网络配置文件

系统管理员除了要熟练掌握 nmcli 命令，还需要学会使用编辑器修改网络配置文件。网络配置文件在/etc/sysconfig/network-scripts 目录下。特定网卡的配置文件为 ifcfg-name，其中，name 是网络接口的名称。在 RHEL8 中，当修改了某个特定网卡的信息后，NetworkManager 服务不会立刻对其生效，直到使用该配置文件重新连接。表 7-1 显示了网络配置文件中的常见条目。

表 7-1　网络配置文件中的常见条目

条　　目	说　　明
DEVICE	设备名称
BOOTPROTO	协议形式有 dhcp、none、static
TYPE	设备类型
ONBOOT	是否激活网卡
UUID	设备唯一标识
IPADDR	IPv4 地址
IPV6ADDR	IPv6 地址
PREFIX	前缀（子网掩码）
GATEWAY	网关地址
DNS1	域名服务器地址

例如，修改网卡 ens33 的信息时，打开 ifcfg-ens33 文件，输入如下内容。

```
TYPE=Ethernet
BOOTPROTO=static
IPADDR=192.168.0.11
PREFIX=24
DNS1=192.168.0.100
NAME=ens33
UUID=2e9a842a-fa75-4bc9-b595-74137e775824
DEVICE=ens33
ONBOOT=yes
```

上面显示的是以静态的方式指定地址为 192.168.0.11，子网掩码为 24 位，DNS 服务器

的地址为 192.168.0.100，并设置开机自动激活。如果想动态获得地址，需要把
BOOTPROTO=static 改成 dhcp。

正如前面所说，修改完配置文件并保存退出后，需要输入以下命令读取配置文件才能
生效。

```
nmcli connection reload
```

或者只加载更改的设备的配置文件。

```
nmcli connection reload  /etc/sysconfig/network-scripts/ifcfg-ens33
```

最后一步是重新启动连接。

```
nmcli connection up ens33
```

7.4 验证网络连接

本节将介绍几个常用的验证网络连接的命令，涉及查看网卡信息、测试网络通信、查
看路由表等操作。

7.4.1 ip 命令

ip 命令是 iproute 软件包提供的一个强大的网络配置工具，该命令可以用来显示或操
作路由、网络设备和隧道。

（1）查看所有 IP 地址。

```
[root@instructor ~]# ip addr
1: lo: <LOOPBACK,UP,LOWER_UP> mtu 65536 qdisc noqueue state UNKNOWN group default qlen 1000
   link/loopback 00:00:00:00:00:00 brd 00:00:00:00:00:00
   inet 127.0.0.1/8 scope host lo
      valid_lft forever preferred_lft forever
   inet6 ::1/128 scope host
      valid_lft forever preferred_lft forever
2: ens33: <BROADCAST,MULTICAST,UP,LOWER_UP> mtu 1500 qdisc fq_codel state UP group default qlen 1000
```

```
    link/ether 00:0c:29:21:45:41 brd ff:ff:ff:ff:ff:ff
    inet 192.168.0.1/24 brd 192.168.0.255 scope global noprefixroute ens33
       valid_lft forever preferred_lft forever
    inet6 fe80::404a:1b29:6c32:32c5/64 scope link noprefixroute
       valid_lft forever preferred_lft forever
3: virbr0: <NO-CARRIER,BROADCAST,MULTICAST,UP> mtu 1500 qdisc noqueue state DOWN group default qlen 1000
    link/ether 52:54:00:22:b3:cd brd ff:ff:ff:ff:ff:ff
    inet 192.168.122.1/24 brd 192.168.122.255 scope global virbr0
       valid_lft forever preferred_lft forever
4: virbr0-nic: <BROADCAST,MULTICAST> mtu 1500 qdisc fq_codel master virbr0 state DOWN group default qlen 1000
    link/ether 52:54:00:22:b3:cd brd ff:ff:ff:ff:ff:ff
```

从输出中可以看到 4 个网络接口的信息。如果只想查看某个网络接口的信息，可以使用 "ip addr show 网络接口名称"，如只查看 ens33 的信息。

```
[root@instructor ~]# ip addr show  ens33
2: ens33: <BROADCAST,MULTICAST,UP,LOWER_UP> mtu 1500 qdisc fq_codel state UP group default qlen 1000
    link/ether 00:0c:29:21:45:41 brd ff:ff:ff:ff:ff:ff
    inet 192.168.0.1/24 brd 192.168.0.255 scope global noprefixroute ens33
       valid_lft forever preferred_lft forever
    inet6 fe80::404a:1b29:6c32:32c5/64 scope link noprefixroute
       valid_lft forever preferred_lft forever
```

（2）查看路由表信息。

```
[root@instructor ~]# ip  route
192.168.0.0/24 dev ens33 proto kernel scope link src 192.168.0.1 metric 100
192.168.122.0/24 dev virbr0 proto kernel scope link src 192.168.122.1 linkdown
```

上面显示的是 IPv4 的路由表。其中，目标为 192.168.0.0/24 的网络的所有数据包都是通过 ens33 网络接口发送的；目标为 192.168.122.0/24 的网络的所有数据包都是通过 virbr0 网络接口发送的。

（3）添加路由条目。

```
[root@instructor ~]# ip  route  add  172.16.0.0/24  dev  ens33
[root@instructor ~]# ip  route
172.16.0.0/24 dev ens33 scope link
192.168.0.0/24 dev ens33 proto kernel scope link src 192.168.0.1 metric 100
192.168.122.0/24 dev virbr0 proto kernel scope link src 192.168.122.1 linkdown
```

该命令的作用是添加一个通过 ens33 到达 172.16.0.0/24 网络的条目。

（4）删除路由条目。

```
[root@instructor ~]# ip  route  del  172.16.0.0/24
[root@instructor ~]# ip  route
192.168.0.0/24 dev ens33 proto kernel scope link src 192.168.0.1 metric 100
192.168.122.0/24 dev virbr0 proto kernel scope link src 192.168.122.1 linkdown
```

该命令的作用是删除条目 172.16.0.0/24。

ip 命令提供的网络功能非常强大，可以通过 man ip 来查看更多选项。

7.4.2　ping 命令

Ping 命令是工作中最为常见的测试网络连接的命令。该命令后接需要测试的地址，执行后会一直测试下去，直到人工中断（按 Ctrl+C 组合键），因此建议使用-c 选项后面接次数，如下所示。

```
[root@instructor ~]# ping -c3  www.redhat.com
PING e3396.ca2.s.tl88.net (117.177.243.181) 56(84) bytes of data.
64 bytes from 117.177.243.181 (117.177.243.181): icmp_seq=1 ttl=128 time=46.3 ms
64 bytes from 117.177.243.181 (117.177.243.181): icmp_seq=2 ttl=128 time=46.9 ms
64 bytes from 117.177.243.181 (117.177.243.181): icmp_seq=3 ttl=128 time=46.6 ms

--- e3396.ca2.s.tl88.net ping statistics ---
3 packets transmitted, 3 received, 0% packet loss, time 5ms
rtt min/avg/max/mdev = 46.251/46.585/46.912/0.322 ms
```

上面总共进行了 3 次测试。其中，time 是数据包的往返时间。ping 命令还可以加入-i 选项来指定发送数据包的时间间隔，如下所示。

```
[root@instructor ~]# ping -c3 -i 0.6 www.redhat.com
PING e3396.ca2.s.tl88.net (117.177.243.181) 56(84) bytes of data.
64 bytes from 117.177.243.181 (117.177.243.181): icmp_seq=1 ttl=128 time=46.3 ms
64 bytes from 117.177.243.181 (117.177.243.181): icmp_seq=2 ttl=128 time=46.7 ms
64 bytes from 117.177.243.181 (117.177.243.181): icmp_seq=3 ttl=128 time=46.8 ms

--- e3396.ca2.s.tl88.net ping statistics ---
3 packets transmitted, 3 received, 0% packet loss, time 204ms
rtt min/avg/max/mdev = 46.272/46.601/46.822/0.344 ms
```

上面显示的是每隔 0.6 秒发送一次数据包，总共发送 3 次。

7.4.3　netstat 命令

netstat 命令用来显示网络连接状态。表 7-2 列出了 netstat 命令常用的选项。

表 7-2　netstat 命令常用的选项

选　项	说　明
-n	使用 Ip 地址，不通过域名服务器
-t	显示 TCP 信息
-u	显示 UDP 信息
-l	监听
-p	PID 或进程名称
-a	监听所有端口

例如，显示所有 TCP 连接。

```
[root@instructor ~]# netstat  -ntlpa
Active Internet connections (servers and established)
Proto Recv-Q Send-Q Local Address           Foreign Address         State       PID/Program name
tcp        0      0 192.168.122.1:53        0.0.0.0:*               LISTEN      2259/dnsmasq
tcp        0      0 127.0.0.1:631           0.0.0.0:*               LISTEN      1235/cupsd
tcp        0      0 0.0.0.0:111             0.0.0.0:*               LISTEN      1/systemd
tcp        0      0 192.168.230.128:41746   8.43.85.29:443          ESTABLISHED 2973/gnome-software
tcp        0      0 192.168.230.128:54948   34.247.232.119:443      ESTABLISHED 2979/geoclue
tcp6       0      0 :::21                   :::*                    LISTEN      1239/vsftpd
tcp6       0      0 ::1:631                 :::*                    LISTEN      1235/cupsd
tcp6       0      0 :::9090                 :::*                    LISTEN      1/systemd
tcp6       0      0 :::111                  :::*                    LISTEN      1/systemd
```

上面显示了所有 TCP 连接的信息，其中 ESTABLISHED 表示 TCP 套接字状态为已连接。ss 命令和 netstat 命令功能类似，也有和 netstat 命令相同的选项，这里不再做阐述。

7.4.4　静态名称解析文件

/etc/hosts 文件是 Linux 系统中 IP 地址到主机名或别名的静态绑定文件，主要负责 IP 地址到主机名或域名的快速解析。该文件每一行是一个单独的条目，每个条目由三部分组成：第一部分是 IP 地址，第二部分是主机名或域名，第三部分是别名（可选）。

```
127.0.0.1    localhost localhost.localdomain localhost4 localhost4.localdomain4
::1          localhost localhost.localdomain localhost6 localhost6.localdomain6
```

7.4.5　动态域名解析配置文件

/etc/hosts 文件固然好用，但它不适合大规模的地址解析，因为任何一台主机的地址或名称变动，其他所有机器的 hosts 都必须及时更新。如果在 hosts 文件中未能找到结果，就要用到/etc/resolv.conf 文件，该文件其实是指向某台或某几台 DNS 服务器的地址，利用这些 DNS 服务器完成域名解析的工作。该文件中最重要的字段为 nameserver。该字段明确指定了要查询的 DNS 服务器的 IP 地址，最多可以有三个 DNS 服务器的 IP 地址。

```
[root@instructor ~]# cat /etc/resolv.conf
# Generated by NetworkManager
nameserver 192.168.0.100
```

上面显示的是指定 DNS 服务器的 IP 地址为 192.168.0.100。

指定完成后，可以使用 host、nslookup 或 dig 命令测试解析结果。例如，通过 host 命令测试域名 www.baidu.com 的 IP 地址。

```
[root@instructor ~]# host www.baidu.com
www.baidu.com is an alias for www.a.shifen.com.
www.a.shifen.com has address
www.a.shifen.com has address
```

模糊处理的地方就是解析出来的 IP 地址。

当然，也可以使用 nslookup 命令进行测试。

```
[root@instructor ~]# nslookup  www.baidu.com
Server:        192.168.230.2
Address:       192.168.230.2#53

Non-authoritative answer:
www.baidu.com    canonical name = www.a.shifen.com.
Name:   www.a.shifen.com
Address:
Name:   www.a.shifen.com
Address:
```

最后使用 dig 命令进行测试。

```
[root@instructor ~]# dig www.baidu.com

; <<>> DiG 9.11.4-P2-RedHat-9.11.4-16.P2.el8 <<>> www.baidu.com
;; global options: +cmd
;; Got answer:
;; ->>HEADER<<- opcode: QUERY, status: NOERROR, id: 23949
;; flags: qr rd ad; QUERY: 1, ANSWER: 3, AUTHORITY: 0, ADDITIONAL: 0
;; WARNING: recursion requested but not available

;; QUESTION SECTION:
;www.baidu.com.                 IN      A

;; ANSWER SECTION:
www.baidu.com.          5       IN      CNAME   www.a.shifen.com.
www.a.shifen.com.       5       IN      A
www.a.shifen.com.       5       IN      A

;; Query time: 10 msec
;; SERVER: 192.168.230.2#53(192.168.230.2)
;; WHEN: Fri Jul 17 03:06:28 CST 2020
;; MSG SIZE  rcvd: 93
```

以上三个命令都可以用来解析某个域名的 IP 地址。

7.5 设置主机名

系统管理员可以手动指定主机名。hostname 命令可以显示或临时设置当前主机名，但该命令不会保存设置，如果想永久设置，可以编辑/etc/hostname 文件，通常可以使用编辑器直接编辑该配置文件，然后保存退出。在 RHEL8 系统中，可使用 hostnamectl 命令设置主机名。例如，把主机名设置为 instructor。

```
hostnamectl  set-hostname  instructor
```

修改完成后，可以使用 hostnamectl status 命令查看主机名及其他主机信息。

```
[root@instructor ~]# hostnamectl  status
   Static hostname: instructor
         Icon name: computer-vm
           Chassis: vm
        Machine ID: 74907d4efb2a43e3ac5e31e851ff38d9
           Boot ID: dbb918dcd5da4c3db8cb8d62665acc42
```

```
      Virtualization: vmware
    Operating System: Red Hat Enterprise Linux 8.0 (Ootpa)
         CPE OS Name: cpe:/o:redhat:enterprise_linux:8.0:GA
              Kernel: Linux 4.18.0-80.el8.x86_64
        Architecture: x86-64
```

7.6　本章小结

　　本章主要讲解了网络配置的相关内容，在RHEL8中不再支持network scripts这种方式，默认使用的是 NetworkManager 服务。因此，可以使用 nmcli 命令修改网络配置，同时支持用编辑器修改配置文件。

第 8 章

软件包管理

不同发行版本的 Linux 系统在管理软件包方面有不同的方式。例如，在 Ubuntu 系统中，一般使用 apt-get 命令管理软件包；而在 RHEL 或 CentOS 版本中，一般使用 RPM 或 yum 的方式管理软件包。本章主要讲解在 RHEL8 中如何管理软件包，同时对 RHEL8 中 yum 新增的功能做详细的介绍。

8.1　RPM 软件包管理器

说到软件包的管理，就不得不提 RPM（Red Hat Package Manager）。这种软件包管理方式是红帽公司开发的。红帽公司将要安装的软件编译并打包成 RPM 格式，这种方式易于使用，因此成为行业标准，被其他版本的 Linux 系统所使用。

通过使用 rpm 命令，系统管理员可以方便地对软件包进行安装、删除和查询等操作。下面就对 rpm 命令进行讲解。

8.1.1 安装和删除 RPM 软件包

由于已经把软件打包，因此安装起来非常方便，可以直接使用 rpm -i 命令进行安装。

```
[root@instructor Packages]# rpm -i vsftpd-3.0.3-28.el8.x86_64.rpm
warning: vsftpd-3.0.3-28.el8.x86_64.rpm: Header V3 RSA/SHA256 Signature, key ID fd431d51: NOKEY
```

上面显示了安装 vsftpd 软件包。但有时需要查看安装进度，这时可以加上-vh 选项来

显示安装进度。

```
[root@instructor Packages]# rpm -ivh vsftpd-3.0.3-28.el8.x86_64.rpm
warning: vsftpd-3.0.3-28.el8.x86_64.rpm: Header V3 RSA/SHA256 Signature, key ID fd431d51: NOKEY
Verifying...                          ############################# [100%]
Preparing...                          ############################# [100%]
Updating / installing...
   1:vsftpd-3.0.3-28.el8              ############################# [100%]
```

如果某个软件包已经存在，再次安装时会提示该软件包已经存在，这时可以使用--force

选项强制安装。

```
[root@instructor Packages]# rpm -ivh vsftpd-3.0.3-28.el8.x86_64.rpm  --force
warning: vsftpd-3.0.3-28.el8.x86_64.rpm: Header V3 RSA/SHA256 Signature, key ID fd431d51: NOKEY
Verifying...                          ############################# [100%]
Preparing...                          ############################# [100%]
Updating / installing...
   1:vsftpd-3.0.3-28.el8              ############################# [100%]
```

想测试某个软件包是否可以在目标主机上成功安装，需要使用--test 选项。

```
[root@instructor Packages]# rpm -ivh vsftpd-3.0.3-28.el8.x86_64.rpm  --test
warning: vsftpd-3.0.3-28.el8.x86_64.rpm: Header V3 RSA/SHA256 Signature, key ID fd431d51: NOKEY
Verifying...                          ############################# [100%]
Preparing...                          ############################# [100%]
```

注意：该软件包并没有实际安装。

若想删除某个软件包，可以直接使用-e 选项。

```
[root@instructor Packages]# rpm -e  vsftpd
```

该命令没有任何输出。

8.1.2 查询 RPM 软件包

如果想知道某个软件包的详细信息，或者想知道某个软件包是否已经安装成功，可以使用查询命令。rpm -q 命令可用于查询软件包，下面进行详细介绍。

如果要查询所有已经安装的软件包，可以使用 rpm -qa 命令。

如果想获取某个软件包的详细信息，可以使用 rpm -qi 命令。

```
[root@instructor ~]# rpm  -qi  vsftpd
Name        : vsftpd
Version     : 3.0.3
Release     : 28.el8
Architecture: x86_64
Install Date: Mon 20 Jul 2020 09:15:39 PM CST
Group       : System Environment/Daemons
Size        : 364629
License     : GPLv2 with exceptions
Signature   : RSA/SHA256, Sat 15 Dec 2018 09:20:25 AM CST, Key ID 199e2f91fd431d51
Source RPM  : vsftpd-3.0.3-28.el8.src.rpm
Build Date  : Mon 13 Aug 2018 02:49:50 AM CST
Build Host  : x86-vm-01.build.eng.bos.redhat.com
Relocations : (not relocatable)
Packager    : Red Hat, Inc. <http://bugzilla.redhat.com/bugzilla>
Vendor      : Red Hat, Inc.
URL         : https://security.appspot.com/vsftpd.html
Summary     : Very Secure Ftp Daemon
Description :
vsftpd is a Very Secure FTP daemon. It was written completely from
scratch.
```

如果仅列出某个软件包的配置文件，可以使用 rpm -qc 命令。

```
[root@instructor ~]# rpm  -qc  vsftpd
/etc/logrotate.d/vsftpd
/etc/pam.d/vsftpd
/etc/vsftpd/ftpusers
/etc/vsftpd/user_list
/etc/vsftpd/vsftpd.conf
```

如果要列出某个软件包包含的所有文件，可以使用 rpm -ql 命令。

```
[root@instructor ~]# rpm  -ql  vsftpd
/etc/logrotate.d/vsftpd
/etc/pam.d/vsftpd
/etc/vsftpd
/etc/vsftpd/ftpusers
/etc/vsftpd/user_list
/etc/vsftpd/vsftpd.conf
```

```
/etc/vsftpd/vsftpd_conf_migrate.sh
/usr/lib/.build-id
/usr/lib/.build-id/0b
/usr/lib/.build-id/0b/b3e738d08ae967ff31744036193cf6938f5773
/usr/lib/systemd/system-generators/vsftpd-generator
/usr/lib/systemd/system/vsftpd.service
/usr/lib/systemd/system/vsftpd.target
/usr/lib/systemd/system/vsftpd@.service
/usr/sbin/vsftpd
```

如果想知道某个文件属于哪个软件包，可以使用 rpm -qf 命令。

```
[root@instructor ~]# rpm  -qf /usr/bin/host
bind-utils-9.11.4-16.P2.el8.x86_64
```

上面显示的是/usr/bin/host 文件属于 bind-utils 软件包。

如果要列出软件包使用的 Shell 脚本，可以使用 rpm -q --scripts 命令。

```
[root@instructor ~]# rpm -q --scripts vsftpd
postinstall scriptlet (using /bin/sh):

if [ $1 -eq 1 ] ; then
        # Initial installation
        systemctl --no-reload preset vsftpd.service &>/dev/null || :
fi
preuninstall scriptlet (using /bin/sh):

if [ $1 -eq 0 ] ; then
        # Package removal, not upgrade
        systemctl --no-reload disable --now vsftpd.service &>/dev/null || :
fi


if [ $1 -eq 0 ] ; then
        # Package removal, not upgrade
        systemctl --no-reload disable --now vsftpd.target &>/dev/null || :
fi
postuninstall scriptlet (using /bin/sh):

if [ $1 -ge 1 ] ; then
        # Package upgrade, not uninstall
        systemctl try-restart vsftpd.service &>/dev/null || :
fi
```

8.1.3 校验 RPM 软件包的合法性

在安装 RPM 软件包之前，要对其进行校验，校验的目的是验证软件包的来源是否合法，以及软件包的完整性。红帽公司在发布软件包之前，用 GPG 私钥对其做了签名，如果对签名进行校验后，发现验证失败，则说明软件包可能被改动了。在验证之前，需要把红帽公司提供的公钥导入系统，利用公钥验证签名。

公钥文件一般会随安装镜像一同发布，找到公钥文件，使用 rpm --import 命令将其导入系统。

```
rpm --import RPM-GPG-KEY-redhat-release
```

导入后，使用 rpm -K 命令校验软件包，出现"OK"字样说明验证成功。

```
[root@instructor Packages]# rpm -K vsftpd-3.0.3-28.el8.x86_64.rpm
vsftpd-3.0.3-28.el8.x86_64.rpm: digests signatures OK
```

8.2 使用 yum 管理软件包

RPM 固然方便，但它也有缺点，就是不能自动解决软件包与软件包之间的依赖关系。换言之，如果目标主机上缺失某个软件包的依赖文件，RPM 是无法自动解决的（虽然可以使用--nodeps 选项强制安装，但安装后软件包不一定能成功使用），以安装 sendmail 为例。

```
[root@instructor Packages]# rpm -ivh sendmail-8.15.2-31.el8.x86_64.rpm
warning: sendmail-8.15.2-31.el8.x86_64.rpm: Header V3 RSA/SHA256 Signature, key ID fd431d51: NOKEY
error: Failed dependencies:
        procmail is needed by sendmail-8.15.2-31.el8.x86_64
```

操作时会发现安装失败，原因是目标主机上缺少 procmail 这个依赖关系包。通过这个示例可以发现，RPM 是无法自动解决依赖关系的。在生产中遇到这类问题时，可以借助 yum 管理软件包，接下来就详细介绍 yum 的使用方法。

8.2.1 yum4 简介

RHEL8 系统中使用 yum4，该版本基于 dnf 技术。与之前的 RHEL7 系统中使用的 yum3

相比，yum4 增加了模块化管理软件包的新特性（稍后讲解）。利用 yum 命令，系统管理员能够便捷地安装、删除软件包，查询软件包和相关依赖关系信息。

在使用 yum 命令之前，需要定义一个软件仓库配置文件，该文件中包含指向某个软件仓库的 URL 路径，该 URL 可以指向本地目录，也可以指向网络共享路径。所谓软件仓库就是 RPM 软件包和依赖关系的集合。同时，yum 配置文件中定义了全局生效的配置参数，接下来就对配置文件和软件仓库进行介绍。

8.2.2　yum 配置文件

yum 配置文件位于/etc/yum.conf 中。打开配置文件，其中有[main]段落块，它允许系统管理员配置全局生效的 yum 参数。

```
[root@instructor ~]# cat  /etc/yum.conf
[main]
gpgcheck=1
installonly_limit=3
clean_requirements_on_remove=True
best=True
```

上面显示的是 yum 配置文件的内容，其中包含一些关键的参数，具体见表 8-1。

表 8-1　yum 配置文件中的参数

参　　数	说　　明
gpgcheck	是否开启对软件包的 GPG 校验，1 为开启，0 为关闭
installonly_limit	允许同时安装软件包的个数，默认是 3，最小为 2，0 和 1 代表不限制个数
clean_requirements_on_remove	删除软件包时是否删除相关依赖关系，True 为删除，False 为不删除
best	当升级某个软件时，是否总是安装最新版本，默认为 False

有关可用的[main]选项完整列表，请参考 yum.conf(5)手册页。

8.2.3　软件仓库配置文件

当使用 yum 命令管理软件包时，需要设置好软件仓库配置文件，该配置文件至少包括一个仓库 ID、一个名称和软件仓库的 URL 地址。URL 可以指向本地目录形成本地 yum 源，也可以指向远程网络共享路径（如阿里巴巴公司提供的软件仓库地址）。

可以在 yum.conf 文件中指向一个或多个[repository]段落块，在段落块中可以设置特定于软件仓库的选项。但是，强烈建议在/etc/yum.repos.d 目录下设置以.repo 结尾的配置文件。下面的示例显示的是在/etc/yum.repos.d 目录下创建的一个名为 test.repo 的软件仓库配置文件。

```
[BaseOS]
name=baseos
baseurl=file:///mnt/BaseOS
gpgcheck=0
enabled=1

[AppStream]
name=appstream
baseurl=file:///mnt/AppStream
gpgcheck=0
enabled=1
```

软件仓库配置文件中的参数见表 8-2。

表8-2　软件仓库配置文件中的参数

参　　数	说　　明
[repository]	yum 源名称
name	描述信息
baseurl	指向 yum 源的 URL 路径
gpgcheck	是否开启 GPG 校验，1 为开启，0 为关闭
enabled	是否开启当前 yum 源，1 为开启，0 为关闭

其中，baseurl=file 代表使用的是本地 yum 源，需要事先把安装镜像挂载起来，示例中把安装镜像挂载到/mnt 目录中。

配置完成后，使用 yum repolist 命令列出所有可用的软件仓库。

```
[root@instructor ~]# yum repolist
Updating Subscription Management repositories.
Unable to read consumer identity
This system is not registered to Red Hat Subscription Management. You can use subscription-manager to register.
Last metadata expiration check: 0:09:41 ago on Fri 31 Jul 2020 03:10:58 AM CST.
repo id                                            repo name                              status
AppStream                                          appstream                              4,672
BaseOS                                             baseos                                 1,658
```

上面显示了两个 repo id，一个是 AppStream，另一个是 BaseOS。

8.2.4 利用 yum 命令管理软件包

上一节介绍了如何配置 yum 软件仓库文件，接下来将介绍如何使用 yum 命令安装、更新、删除软件包，获取有关软件包和依赖关系的信息。使用 yum –help 命令可以查看 yum 命令用法信息。

要列出可用的软件包，可以使用 yum list 命令。

```
[root@instructor ~]# yum list
Updating Subscription Management repositories.
Unable to read consumer identity
This system is not registered to Red Hat Subscription Management. You can use subscription-manager to register.
Installed Packages
GConf2.x86_64                                    3.2.6-22.el8                              @AppStream
ModemManager.x86_64                              1.8.0-1.el8                               @anaconda
ModemManager-glib.x86_64                         1.8.0-1.el8                               @anaconda
NetworkManager.x86_64                            1:1.14.0-14.el8                           @anaconda
NetworkManager-adsl.x86_64                       1:1.14.0-14.el8                           @anaconda
NetworkManager-bluetooth.x86_64                  1:1.14.0-14.el8                           @anaconda
NetworkManager-config-server.noarch              1:1.14.0-14.el8                           @anaconda
NetworkManager-libnm.x86_64                      1:1.14.0-14.el8                           @anaconda
NetworkManager-team.x86_64                       1:1.14.0-14.el8                           @anaconda
NetworkManager-tui.x86_64                        1:1.14.0-14.el8                           @anaconda
NetworkManager-wifi.x86_64                       1:1.14.0-14.el8                           @anaconda
```

想了解某个软件包的详细信息，如软件包描述、版本号、大小等，可使用 yum info 命令。

```
[root@instructor ~]# yum info vsftpd
Updating Subscription Management repositories.
Unable to read consumer identity
This system is not registered to Red Hat Subscription Management. You can use subscription-manager to register.
Installed Packages
Name        : vsftpd
Version     : 3.0.3
Release     : 28.el8
Arch        : x86_64
Size        : 356 k
Source      : vsftpd-3.0.3-28.el8.src.rpm
Repo        : @System
From repo   : App
Summary     : Very Secure Ftp Daemon
URL         : https://security.appspot.com/vsftpd.html
License     : GPLv2 with exceptions
Description : vsftpd is a Very Secure FTP daemon. It was written completely from
            : scratch.
```

可以使用 yum update 命令更新 yum 源，使软件包更新到最新版本。若需要更新某个软件包及其依赖项，可以使用 yum update package name 命令指定具体软件包的名称来更新。

可以使用 yum install packagename 命令指定某个软件包的名称来安装该软件包。

```
[root@instructor ~]# yum install vsftpd
Updating Subscription Management repositories.
Unable to read consumer identity
This system is not registered to Red Hat Subscription Management. You can use su
bscription-manager to register.
AppStream                                      7.7 kB/s | 3.2 kB       00:00
BaseOS                                         239 kB/s | 2.7 kB       00:00
Dependencies resolved.
================================================================================
 Package          Arch          Version              Repository          Size
================================================================================
Installing:
 vsftpd           x86_64        3.0.3-28.el8         AppStream          180 k

Transaction Summary
================================================================================
Install  1 Package

Total size: 180 k
Installed size: 356 k
Is this ok [y/N]: █
```

通过输入"y"或"N"来决定是否继续安装。

可以使用 yum remove packagename 命令指定某个软件包的名称来卸载该软件包。

```
[root@instructor ~]# yum remove vsftpd
Updating Subscription Management repositories.
Unable to read consumer identity
This system is not registered to Red Hat Subscription Management. You can use su
bscription-manager to register.
Dependencies resolved.
================================================================================
 Package          Arch          Version              Repository          Size
================================================================================
Removing:
 vsftpd           x86_64        3.0.3-28.el8         @AppStream         356 k

Transaction Summary
================================================================================
Remove  1 Package

Freed space: 356 k
Is this ok [y/N]: █
```

同样，通过输入"y"或"N"来决定是否卸载该软件包。

在使用 yum 命令时，也有组的概念，软件包组是为了实现某一特定目的而组成的软件包套件，如"System Tools"或"Virtualization Host"。可以使用 yum group 命令对软件包组进行一系列的操作。

可以使用 yum group list 命令列出已安装和可以使用的软件包组。

```
[root@instructor ~]# yum group list
Updating Subscription Management repositories.
Unable to read consumer identity
This system is not registered to Red Hat Subscription Management. You can use subscription-manager to register.
Last metadata expiration check: 17:34:54 ago on Mon 24 Aug 2020 11:51:54 PM CST.
Available Environment Groups:
    Server
    Minimal Install
    Workstation
    Virtualization Host
    Custom Operating System
Installed Environment Groups:
    Server with GUI
Installed Groups:
    Container Management
    Headless Management
Available Groups:
    .NET Core Development
    RPM Development Tools
    Smart Card Support
    Development Tools
    Graphical Administration Tools
    Legacy UNIX Compatibility
    Network Servers
    Scientific Support
    Security Tools
    System Tools
```

使用 yum group info 命令可以查看某个软件包组的信息。

```
[root@instructor ~]# yum group info Workstation
Updating Subscription Management repositories.
Unable to read consumer identity
This system is not registered to Red Hat Subscription Management. You can use subscription-manager to register.
Last metadata expiration check: 17:40:07 ago on Mon 24 Aug 2020 11:51:54 PM CST.
Environment Group: Workstation
 Description: Workstation is a user-friendly desktop system for laptops and PCs.
 Mandatory Groups:
    Common NetworkManager submodules
    Core
    Fonts
    GNOME
    Guest Desktop Agents
    Hardware Support
    Internet Browser
    Multimedia
    Printing Client
    Standard
    Workstation product core
    base-x
 Optional Groups:
    Backup Client
    GNOME Applications
    Headless Management
    Internet Applications
    Office Suite and Productivity
    Remote Desktop Clients
    Smart Card Support
```

从上面的输出可以看出，该软件包组中有必选（Mandatory）和可选（Optional）软件包。

可以使用 yum group install 命令安装软件包组，使用 yum group remove 命令卸载软件包组。

想了解对软件包都做了哪些操作，可以使用 yum history 命令查看。

```
[root@instructor ~]# yum history
Updating Subscription Management repositories.
Unable to read consumer identity
This system is not registered to Red Hat Subscription Management. You can use subscription-manager to register.
ID    | Command line           | Date and time       | Action(s)   | Altered
-------------------------------------------------------------------------------
    9 | install vsftpd         | 2020-08-25 00:08    | Install     |      1
    8 | remove vsftpd          | 2020-08-24 23:46    | Removed     |      1
    7 | install -y vsftpd      | 2020-06-24 17:23    | Install     |      1
    6 | install -y sysstat     | 2020-05-21 18:16    | Install     |      2
    5 | remove vsftpd          | 2020-04-19 18:04    | Removed     |      1
    4 | install vsftpd         | 2020-04-19 18:04    | Install     |      1
    3 | remove dovecot -y      | 2020-03-10 03:32    | Removed     |      2
    2 | install dovecot -y     | 2020-03-10 03:31    | Install     |      2
    1 |                        | 2020-01-22 20:48    | Install     |   1336 EE
```

8.2.5 管理软件包模块流

之前的章节曾提到，在 RHEL8 中使用的是基于 dnf 技术的 yum4 工具。与之前的 yum3 相比，它增加了软件包模块化功能。在 RHEL8 中，软件包的内容存储在两个不同的软件仓库中进行发布：BaseOS 和 AppStream。

BaseOS：以 RPM 的形式提供操作系统核心的功能，为基础软件包安装库。

AppStream：以 RPM 或 module（模块）的形式提供用户空间组件，每个应用程序流都有一个给定的生命周期。

module 是一组特定的软件包的集合。这些软件包一起构建、测试和发布。每个 module 又有一个或多个 stream（流）。初学者可能感觉 stream 的概念有点抽象，可以将其理解为版本，每个 stream 都可以独立更新。

为了让读者掌握上述概念，这里举例说明。有两个不同版本的 postgresql 数据库：一个是 9.6 的 stream，一个是 10 的 stream。开发人员希望使用最新版本以支持最新功能，而运维人员希望保持业务的稳定性而不升级。有了 stream 的概念后，可以把不同版本的 postgresql 数据库独立安装在服务器中，从而避免冲突。

可以使用 yum module 命令管理 module。例如，想列出可用模块的列表，可以使用 yum

module list 命令。

```
[root@instructor ~]# yum module list
Updating Subscription Management repositories.
Unable to read consumer identity
This system is not registered to Red Hat Subscription Management. You can use subscription-manager to register.
Last metadata expiration check: 0:00:20 ago on Tue 25 Aug 2020 07:18:50 PM CST.
AppStream
Name                Stream           Profiles                    Summary
389-ds              1.4                                          389 Directory Server (base)
ant                 1.10 [d]         common [d]                  Java build tool
container-tools     1.0              common [d]                  Common tools and dependencies for container runtimes
container-tools     rhel8 [d][e]     common [d]                  Common tools and dependencies for container runtimes
freeradius          3.0 [d]          server [d]                  High-performance and highly configurable free RADIUS server
gimp                2.8 [d]          common [d], devel           gimp module
go-toolset          rhel8 [d]        common [d]                  Go
httpd               2.4 [d]          common [d], devel, minimal  Apache HTTP Server
idm                 DL1              common [d], adtrust, client, dns, serve  The Red Hat Enterprise Linux Identity Management system module
                                     r
idm                 client [d]       common [d]                  RHEL IdM long term support client module
```

上面显示了很多可以使用的 module。其中，[d]表示 default，如果未指定软件的版本，则从带有[d]的模块开始进行安装；[e]表示 enabled。此外，还有未显示的[x]表示 disabled，[i]表示 installed，[a]表示 active。

如果想查看某个模块的详细信息，可以使用 yum module info 命令。

```
[root@instructor ~]# yum module info httpd
Updating Subscription Management repositories.
Unable to read consumer identity
This system is not registered to Red Hat Subscription Management. You can use subscription-manager to register.
Last metadata expiration check: 0:05:44 ago on Tue 25 Aug 2020 07:18:50 PM CST.
Name             : httpd
Stream           : 2.4 [d][a]
Version          : 820190206142837
Context          : 9edba152
Profiles         : common [d], devel, minimal
Default profiles : common
Repo             : AppStream
Summary          : Apache HTTP Server
Description      : Apache httpd is a powerful, efficient, and extensible HTTP server.
Artifacts        : httpd-0:2.4.37-10.module+el8+2764+7127e69e.x86_64
                 : httpd-devel-0:2.4.37-10.module+el8+2764+7127e69e.x86_64
                 : httpd-filesystem-0:2.4.37-10.module+el8+2764+7127e69e.noarch
                 : httpd-manual-0:2.4.37-10.module+el8+2764+7127e69e.noarch
                 : httpd-tools-0:2.4.37-10.module+el8+2764+7127e69e.x86_64
                 : mod_http2-0:1.11.3-1.module+el8+2443+605475b7.x86_64
                 : mod_ldap-0:2.4.37-10.module+el8+2764+7127e69e.x86_64
                 : mod_md-0:2.4.37-10.module+el8+2764+7127e69e.x86_64
                 : mod_proxy_html-1:2.4.37-10.module+el8+2764+7127e69e.x86_64
                 : mod_session-0:2.4.37-10.module+el8+2764+7127e69e.x86_64
                 : mod_ssl-1:2.4.37-10.module+el8+2764+7127e69e.x86_64

Hint: [d]efault, [e]nabled, [x]disabled, [i]nstalled, [a]ctive]
```

在讲解了 module 和 stream 的概念后，下面介绍模块的配置文件（profile），可以把模块的配置文件理解为为了某一特定类型的用例而一起安装的软件包的集合，这些特定类型的用例有 common、devel、minimal 和 server 等。如果未指定配置文件类型，则使用默认的配置文件。

若想安装某个模块，可使用 yum module install 命令；如果想在安装时指定某个流和配置文件，可以加上 name:stream/profile。其中，name 是模块的名称。例如，安装 perl 模块并使用 5.26 的 stream 和 common 类型的配置文件，命令如下。

```
yum module install  perl:5.26/common
```

安装完成后，可以使用 yum module list perl 查看，注意当前 perl 模块的 stream。

```
[root@instructor ~]# yum module list perl
Updating Subscription Management repositories.
Unable to read consumer identity
This system is not registered to Red Hat Subscription Management. You can use subscription-manager to register.
Last metadata expiration check: 1:14:37 ago on Tue 25 Aug 2020 10:42:51 PM CST.
AppStream
Name          Stream        Profiles                      Summary
perl          5.24          common [d], minimal           Practical Extraction and Report Language
perl          5.26 [d][e]   common [d] [i], minimal       Practical Extraction and Report Language

Hint: [d]efault, [e]nabled, [x]disabled, [i]nstalled
```

可以看到当前 stream 为 5.26，并且是使用 common 类型的配置文件安装的（因为有 common[i]）。

如果想安装某个模块的其他版本，需要切换 module stream。例如，通过 yum module list postgresql 命令查看到当前 postgresql 的 stream 是 10。

```
AppStream
Name          Stream        Profiles                      Summary
postgresql    10 [d]        client, server [d]            PostgreSQL server and client module
postgresql    9.6           client, server [d]            PostgreSQL server and client module
```

由于某些原因，管理员需要安装 9.6 的 stream。首先使用 yum module enable postgresql:9.6 命令启用该 stream，然后查看结果。

```
AppStream
Name          Stream        Profiles                      Summary
postgresql    10 [d]        client, server [d]            PostgreSQL server and client module
postgresql    9.6 [e]       client, server [d]            PostgreSQL server and client module
```

启用后，就可以使用 yum module install postgresql:9.6 命令来安装，安装后查看版本。

```
[root@instructor ~]# postgres --version
postgres (PostgreSQL) 9.6.10
```

若想删除某个模块，可以使用 yum module remove name:stream 命令。该命令会删除所有属于该模块的软件包。使用 yum module remove name:stream/profile 命令可以删除属于某个配置文件的软件包。

若想重置模块，可以使用 yum module reset 命令，该命令会将模块的 stream 重置到初始化状态，既不启用也不禁用。

8.3 本章小结

本章主要讲解了在 RHEL8 中如何管理软件包。RPM 格式的软件包以其简单著称，但它无法自动解决依赖关系，所以在生产环境中并不是首选。可以借助 yum 或 dnf 的方式管理软件包，通过配置仓库文件，指向本地或网络上的 URL 来实现软件安装、卸载和查询等操作。在 RHEL8 中，yum4 工具是基于 dnf 技术的，因此支持软件包模块化。通过模块化，系统管理员可以在不同场合选择同一软件的不同版本。

第 9 章

RHEL8 启动流程

从计算机通电到进入系统的过程中，发生了很多值得关注的事情。其中包括读取 GRUB 的配置、加载内核、启动 systemd 等重要步骤。

9.1 系统启动流程

计算机通电后，系统固件开始自检，这是任何操作系统启动的第一步。接下来，固件就会查找启动设备，通常为磁盘（可在 BIOS 中设置启动顺序）。固件会从磁盘中读取 GRUB（启动加载器），RHEL8 中的版本为 GRUB2。

GRUB2 会从/boot/grub2/grub.cfg 文件中加载配置并提供一个菜单，若安装了多个操作系统，可以从菜单中选择当前需要启动的系统。关于 GRUB2 的配置会在后面详细介绍。

启动加载器会加载内核和 initramfs 映像文件。内核文件一般存放在/boot 目录中，名称为/boot/vmLinux。本书中使用的内核版本为 4.18.0-80.el8.x86_64（可以使用 uname -r 命令查看内核的版本）。在早期的系统中，可以将硬件驱动集成到内核中，但随着计算机硬件的丰富，很显然，把所有硬件的驱动集成到内核中不是一个理想的做法。为了解决这个问题，同时让更多的硬件厂商把自己的硬件驱动加入系统中而又不希望使内核容量增大，就把各种硬件驱动以模块化的形式放置在/lib/modules目录下，内核通过动态加载模块的方式来加载需要使用的硬件驱动。细心的读者会发现，在/boot目录下除了有要加载的内核文件，还有一个initramfs映像文件，该文件是做什么用的呢？initramfs映像文件是一个cpio格式的归档文件，其中包括启动时必要的硬件驱动、初始化脚本等。内核会检查initramfs是否存在，如果存在，就把它在内存中解压为根目录，有了这个根目录后，就相当于提供了一个小型的Linux文件系统。该环境能够满足后续启动的需求，如加载一些与磁盘相关的驱动模块。接下来会开启/sbin/init并把该进程设置为PID为1的进程。在RHEL8中init进程是一个指向systemd的链接文件。执行到这一步，内核的工作就结束了，后续的启动工作交由systemd完成。可以使用lsinitrd命令查看initramfs映像文件的内容。

```
[root@instructor boot]# lsinitrd  initramfs-4.18.0-80.el8.x86_64.img
Image: initramfs-4.18.0-80.el8.x86_64.img: 24M
```

上面显示的是initramfs映像文件的大小。接下来会列出很多内容，内核会读取一个init文件，该文件在RHEL8中已经被systemd替代。

```
lrwxrwxrwx   1 root     root           23 Jan 16  2019 init -> usr/lib/systemd/systemd
```

接着systemd实例执行initrd.target，包括挂载磁盘上的根文件系统到/sysroot中。随后，内核把initramfs中的根文件系统切换到/sysroot中的根文件系统。

当硬件驱动加载完成后，硬件环境就准备就绪了，systemd进程开始执行default.target。该配置文件的路径是/etc/systemd/system/default.target。default.target其实是指向multi-user.target或graphical.target的一个软链接。在本书的示例中，default.target指向的是graphical.target，因此默认开机使用的是图形界面登录系统。

```
[root@instructor ~]# ls -l /etc/systemd/system/default.target
lrwxrwxrwx. 1 root root 36 Jan 22  2020 /etc/systemd/system/default.target -> /lib/systemd/system/graphical.target
```

target 单元以.target 文件扩展名结尾,目的是通过一系列依赖项将其他系统单元组合在一起。例如,graphical.target 会启动/etc/systemd/system/graphical.target.wants 目录下的服务。在加载 graphical.target 之前需要先加载 multi-user.target,而 multi-user.target 又会启动/etc/systemd/system/multi-user.target.wants 目录下的服务。用过老版本的红帽系统的读者可能对 runlevel(运行级别)的概念很熟悉。在 RHEL8 中,为了兼容运行级别这个概念,有多种不同的 target 单元与之对应,具体见表9-1。

表9-1 运行级别与 target 单元的对应关系

运 行 级 别	target 单元	说　　明
runlevel0	poweroff.target	关闭系统
runlevel1	rescue.target	救援模式
runlevel2	multi-user.target	非图形界面多用户模式
runlevel3	multi-user.target	非图形界面多用户模式
runlevel4	multi-user.target	非图形界面多用户模式
runlevel5	graphical.target	图形界面模式
runlevel6	reboot.target	重启系统

前面提到过,将系统的控制权交给 systemd 后,systemd 会执行 default.target,而 default.target 实际上是指向 graphical.target 或 multi-user.target 的软链接文件。可以使用 systemctl get-default 命令查看默认的 target 单元,使用 systemctl set-default 命令设置默认的 target 单元。

激活各种单元后,会提供一个基于字符界面或图形界面的登录窗口,此时就完成了整个系统启动流程。

9.2 GRUB2 的配置

GRUB 的全称是 GNU Grand Unified Bootloader,即启动加载器。它是 GNU 项目的多

操作系统引导程序。它允许用户在计算机内同时安装多个操作系统，并且在启动时选择希望加载的系统。RHEL8 使用的版本是 GRUB2，GRUB2 允许用户传递参数给内核。

　　GRUB2 之所以能够加载不同的内核并支持启动不同系统，主要是因为 GRUB2 的配置文件，该配置文件的路径是/boot/grub2/grub.cfg。前面提到过，GRUB2 允许计算机安装多个操作系统，在启动计算机时，用户可以在菜单中选择希望加载的系统，那么这个菜单是如何提供给用户的呢？在 RHEL7 中，会读取 grub2.cfg 配置文件中"menuentry"段落块的内容，每个"menuentry"段落块代表一个引导菜单，如图 9-1 所示。

```
menuentry 'Red Hat Enterprise Linux Server' --class red --class gnu-linux --class gnu
--class os $menuentry_id_option 'gnulinux-simple-c60731dc-9046-4000-9182-64bdcce08616'
{
    load_video
    set gfxpayload=keep
    insmod gzio
    insmod part_msdos
    insmod xfs
    set root='hd0,msdos1'
    if [ x$feature_platform_search_hint = xy ]; then
     search --no-floppy --fs-uuid --set=root --hint-bios=hd0,msdos1 --hint-
efi=hd0,msdos1 --hint-baremetal=ahci0,msdos1 --hint='hd0,msdos1' 19d9e294-65f8-4e37-
8e73-d41d6daa6e58
    else
     search --no-floppy --fs-uuid --set=root 19d9e294-65f8-4e37-8e73-d41d6daa6e58
    fi
    echo  'Loading Linux 3.8.0-0.40.el7.x86_64 ...'
    linux16  /vmlinuz-3.8.0-0.40.el7.x86_64 root=/dev/mapper/rhel-root ro rd.md=0
rd.dm=0 rd.lvm.lv=rhel/swap crashkernel=auto rd.luks=0 vconsole.keymap=us
rd.lvm.lv=rhel/root rhgb quiet
    echo 'Loading initial ramdisk ...'
    initrd /initramfs-3.8.0-0.40.el7.x86_64.img
}
```

图 9-1　配置文件的部分内容

　　从图 9-1 中的第一行可以看出，启动系统时，窗口菜单中会提示"Red Hat Enterprise Linux Server"。

　　值得注意的是，当在 RHEL8 中打开 grub2.cfg 时，却没有"menuentry"段落块的内容。因为该内容被放到了其他两个地方，一个是/boot/grub2/grub.cfg，另一个是

/boot/loader/entries 目录下的文件。下面展示的是/boot/loader/entries 目录下的内容。

```
[root@instructor entries]# ls
74907d4efb2a43e3ac5e31e851ff38d9-0-rescue.conf
74907d4efb2a43e3ac5e31e851ff38d9-4.18.0-80.el8.x86_64.conf
```

第一个是救援模式使用的配置文件，第二个则是需要读取的配置文件，打开后如下所示。

```
title Red Hat Enterprise Linux (4.18.0-80.el8.x86_64) 8.0 (Ootpa)
version 4.18.0-80.el8.x86_64
linux /vmlinuz-4.18.0-80.el8.x86_64
initrd /initramfs-4.18.0-80.el8.x86_64.img $tuned_initrd
options $kernelopts $tuned_params
id rhel-20190313123447-4.18.0-80.el8.x86_64
grub_users $grub_users
grub_arg --unrestricted
grub_class kernel
```

下面分析上述内容中重要的几行。

"title" 这一行表示的是系统启动时提供的菜单选项，类似于 "menuentry" 的功能。因此，启动系统时，会提示图 9-2 所示的信息。

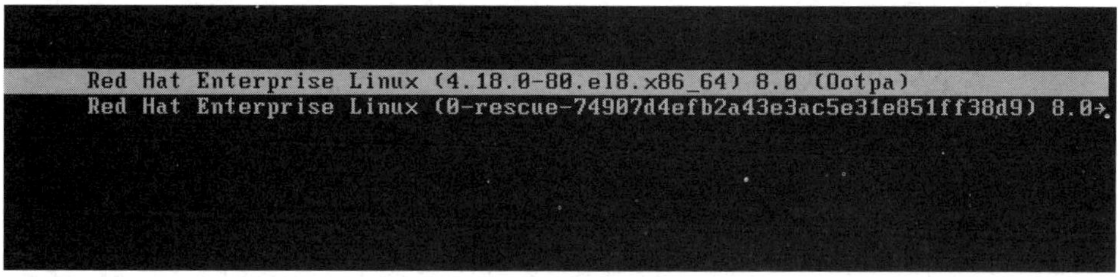

图 9-2　启动系统时的提示信息

"linux" 这一行就是要加载的内核。需要指出的是，内核存放在/boot 目录下而不是根目录下。因为在本例中，/boot 分区是单独创建的，因此内核和下面的 initramfs 映像文件的路径是相对于/boot 的，这一点需要非常小心。

"initrd" 这一行的作用是加载 initramfs 映像文件。前面提到过，系统启动时需要加载各种硬件驱动，这些驱动程序都被集成到了该映像文件中。将该映像文件挂载成根分区后，再加载硬件驱动，后续的启动过程才可以顺利进行。

grub.cfg 文件中也有一些比较重要的内容。打开该配置文件时，首先提示不要手动修改该文件。因为该配置文件是使用 grub2-mkconfig 命令并调用/etc/grub.d 和/etc/default/grub 中的文件生成的。

```
DO NOT EDIT THIS FILE

It is automatically generated by grub2-mkconfig using templates
from /etc/grub.d and settings from /etc/default/grub
```

在 grub.cfg 文件中，通过 "####BEGIN####" 这种格式依次调用/etc/grub.d 目录下各种以数字开头的文件来实现不同功能。下面显示的是/etc/grub.d 目录下各种以数字开头的文件。

```
[root@instructor grub.d]# ls
00_header          01_users        20_ppc_terminfo    40_custom
00_tuned           10_linux        30_os-prober       41_custom
01_menu_auto_hide  20_linux_xen    30_uefi-firmware   README
```

例如，调用/etc/grub.d/10_linux 文件，加载具体的内核文件。

```
### BEGIN /etc/grub.d/10_linux ###
insmod part_msdos
insmod xfs
set root='hd0,msdos1'
if [ x$feature_platform_search_hint = xy ]; then
  search --no-floppy --fs-uuid --set=root --hint-bios=hd0,msdos1 --hint-efi=hd0,msdos1 --hint-baremetal=ahci0,msdos1 --hint='hd0,msdos1'  b8
1c5f9e-491d-48c2-b938-53368d253eee
else
  search --no-floppy --fs-uuid --set=root b81c5f9e-491d-48c2-b938-53368d253eee
fi
insmod part_msdos
insmod xfs
set boot='hd0,msdos1'
if [ x$feature_platform_search_hint = xy ]; then
  search --no-floppy --fs-uuid --set=boot --hint-bios=hd0,msdos1 --hint-efi=hd0,msdos1 --hint-baremetal=ahci0,msdos1 --hint='hd0,msdos1'  b8
1c5f9e-491d-48c2-b938-53368d253eee
else
  search --no-floppy --fs-uuid --set=boot b81c5f9e-491d-48c2-b938-53368d253eee
fi

# This section was generated by a script. Do not modify the generated file - all changes
# will be lost the next time file is regenerated. Instead edit the BootLoaderSpec files.
# The blscfg command parses the BootLoaderSpec files stored in /boot/loader/entries and
# populates the boot menu. Please refer to the Boot Loader Specification documentation
# for the files format: https://www.freedesktop.org/wiki/Specifications/BootLoaderSpec/.

insmod blscfg
blscfg
if [ -s $prefix/grubenv ]; then
  load_env
fi
### END /etc/grub.d/10_linux ###
```

其中有两个比较重要的部分需要详细介绍。

（1）set root='hd0,msdos1'

hd0 代表的是第一个硬盘，msdos1 代表的是传统 MBR 格式的硬盘的第一个分区，结合起来就是第一个硬盘的第一个分区。在本例中，第一个硬盘的第一个分区是/boot 分区。因此，这里 set root 指的是/boot 目录所在的分区。

（2）--set=root b81c5f9e-491d-48c2-b938-53368d253eee

这用于加载根分区，而其中的 b81c5f9e-491d-48c2-b938-53368d253eee 是根分区的 UUID。

9.3 系统故障排查

当系统中出现严重的问题时，管理员应能够迅速定位问题并及时排除，以尽快恢复正常生产，把问题造成的影响降到最低。这要求管理员对系统原理非常熟悉，包括系统的启动流程等。下面通过两个示例来深入认识之前学习的系统启动流程。

故障 1：grub．cfg 文件被误删，系统启动失败。

为了演示故障，这里故意删除以下两个文件。

```
[root@instructor ~]# rm -rf /boot/grub2/grub.cfg
[root@instructor ~]# rm -rf /boot/loader/entries/*
```

删除完成后，重启系统时，会发现一直处于图 9-3 所示的状态。

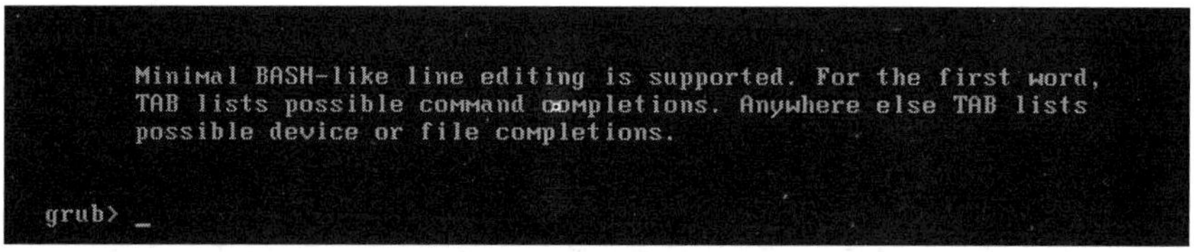

图 9-3　重启系统时的状态

下面简单分析一下原因。由于启动时需要内核文件和映像文件的支持，这些文件都存储在 grub.cfg 文件中，而 grub.cfg 文件被删除了，因此启动失败。知道原因后，可以采用手动加载内核文件和映像文件的办法来临时解决问题，如图 9-4 所示。

```
grub> set root='hd0,msdos1'
grub> linux16 /vmlinuz-4.18.0-80.el8.x86_64 ro root=/dev/mapper/rhel-root
grub> initrd16 /initramfs-4.18.0-80.el8.x86_64.img
grub> boot
```

图9-4　手动加载内核文件和映像文件

上述代码意义如下。

set root：指定/boot 分区的位置。因为 GRUB 程序要加载内核文件和映像文件，而这两个文件都在/boot 分区中，所以首先要指出/boot 分区在哪里。在本示例中输入的是"hd0,msdos1"，其含义是第一个硬盘（hd0）的第一个分区（msdos1）。这个分区就是/boot 分区。该设置会因不同的分区方案而略有不同，需要读者自己去甄别。

linux16：指定了 boot 分区后，接下来就要加载 Linux 内核文件。请注意，在本例中的写法是/vmlinuz-4.18.0-80.el8.x86_64。读者切勿将其理解为根分区下的 vmlinuz 文件。它其实基于第一行设置的"hd0,msdos1"，也就是/boot 分区下的 vmlinuz 文件。如若没有单独的 /boot 分区（安装系统时可以不把/boot 分区独立划分出来），这里应写成/boot/vmlinuz-4.18.0-80.el8.x86_64 这样的绝对路径的形式。后面的 ro root=/dev/mapper/rhel-root 表示以只读的形式加载根分区。

initrd16：加载映像文件，映像文件也存储在/boot 分区中。

boot：手动填写完毕后，需要使用 boot 命令进行加载。

上述内容如果没有出错，就可以成功引导并进入系统。

但这只是临时救急的办法，因为 grub.cfg 文件没有了，每次重启系统都需要手动加载。为了彻底解决该问题，需要恢复 grub.conf 文件和/boot/loader/entries 目录下的内容。

/boot/loader/entries 目录下的每一个文件都是一个启动项，因此必须先恢复/boot/load/entries 目录下的文件。可以使用 kernel-install 命令在/boot 中添加内核文件和映像文件。

```
[root@instructor ~]# kernel-install add $(uname -r) /lib/modules/$(uname -r)/vmlinuz
[root@instructor ~]# cd /boot/loader/entries/
[root@instructor entries]# ls -l
total 8
-rw-r--r--. 1 root root 408 Nov 17 17:57 74907d4efb2a43e3ac5e31e851ff38d9-0-rescue.conf
-rw-r--r--. 1 root root 331 Nov 17 17:57 74907d4efb2a43e3ac5e31e851ff38d9-4.18.0-80.el8.x86_64.conf
```

/boot/loader/entries 目录下的两个文件恢复后，再恢复 grub.cfg 配置文件。可以使用 grub2-mkconfig 命令生成 grub.cfg 文件。

```
[root@instructor ~]# grub2-mkconfig  -o /boot/grub2/grub.cfg
Generating grub configuration file ...
done
[root@instructor ~]# cd /boot/grub2/
[root@instructor grub2]# ls -l grub.cfg
-rw-r--r--. 1 root root 5030 Nov 17 18:05 grub.cfg
```

恢复工作完成后，再次重启时就可以正常引导并成功进入系统。

故障 2：重新安装 GRUB。

MBR（主引导记录）位于 0 磁道 1 扇区，一个扇区的大小是 512 字节，那么 MBR 的大小也是 512 字节。它由三部分组成：446 字节的 bootloader、64 字节的分区记录表和 2 字节的 magic number。根据前面的内容可以知道，BIOS 自检完成后，就要选择第一个启动设备（如硬盘）去加载 bootloader，也就是 GRUB 程序。GRUB 程序本身功能很强大，因此系统把 GRUB 程序安装在 MBR 的前 446 字节中，后面的配置文件（grub2.cfg）被放在/boot 目录下。

如果 MBR 被删除，也就意味着 GRUB 程序被删除，这样就无法找到启动扇区，后续的加载工作也就无法执行。

为模拟故障，这里使用 "dd if=/dev/zero of=/dev/sda bs=446 count=1" 将 sda 的前 446 字节覆盖。重启系统后，就会处于图 9-5 所示的状态。

图 9-5　重启系统后的状态

因为进入不了系统，所以需要借助系统安装镜像或系统光盘来重新引导。重新引导后会出现图 9-6 所示的界面。

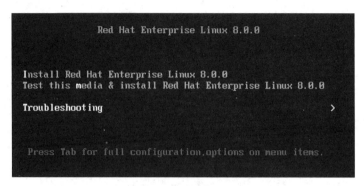

图 9-6　重新引导后的界面

选中"Troubleshooting"后按回车键，进入图 9-7 所示的界面，然后选中"Rescue a Red Hat Enterprise Linux system"，进入救援模式。

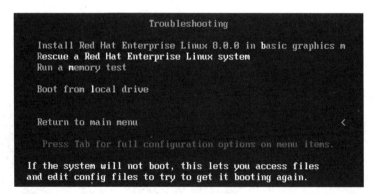

图 9-7　按回车键后的界面

进入救援模式后，会出现图 9-8 所示的界面。

图 9-8 中的内容表示接下来系统将尝试查找根分区，在救援模式下，根分区将被挂载到/mnt/sysimage 下。其中 4 个选项的含义如下。

（1）Continue：以读写模式挂载。

（2）Read-only mount：以只读模式挂载。

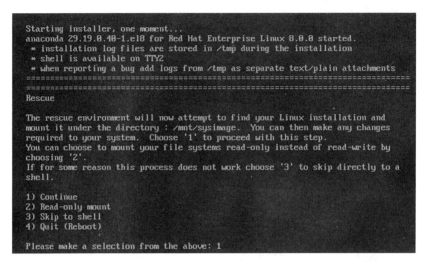

图9-8　进入救援模式后的界面

（3）Skip to shell：跳过。

（4）Quit（Reboot）：退出并重启系统。

由于要排查错误，因此选择第一个选项。选中后按回车键，进入图 9-9 所示的界面。

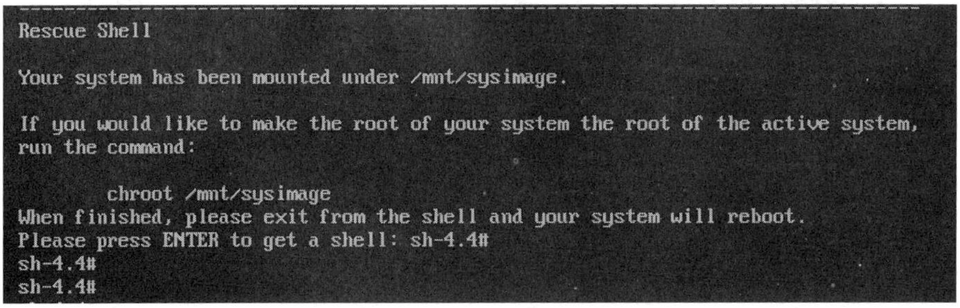

图9-9　按回车键后的界面

从图 9-9 中可以看出，发现当前的系统就被挂载在/mnt/sysimage 下。输入"chroot /mnt/sysimage"就可以进入原来的系统，如图9-10 所示。

```
sh-4.4# chroot /mnt/sysimage
bash-4.4# ls
bin   dev   etc   lib    media   opt   root   sbin   sys   usr
boot  dir1  home  lib64  mnt     proc  run    srv    tmp   var
bash-4.4#
```

图 9-10   输入 "chroot/mnt/sysimage"

按回车键后，发现命令提示符从"sh-4.4#"变成了熟悉的"bash-4.4#"。接下来就要将 GRUB2 程序重新安装到 MBR 中，可以使用 grub2-install 命令来实现，如图 9-11 所示。

```
bash-4.4# grub2-install   /dev/sda
Installing for i386-pc platform.
Installation finished. No error reported.
bash-4.4# exit
exit
sh-4.4# exit
```

图 9-11   重新安装 GRUB2 程序

安装结束后，输入两遍 exit 命令，退出并重新启动系统，完成修复工作。

以上两个故障都是和 GRUB 相关的问题，相信读者学习完上述内容会对系统启动流程有深刻的认识。当然，不同 Linux 发行版本的启动流程或 grub.cfg 的内容略有不同，希望读者能够举一反三地分析不同问题。

9.4   重置 root 用户的口令

出于某种原因，有时需要重置 root 用户的口令。在老版本的红帽操作系统中完成这一操作可能比较简单，但在 RHEL8 系统中有些复杂，具体步骤如下。

（1）重启系统后，选中要启动的内核条目，然后按 E 键。

（2）将光标移到以"linux"开头的那行的末尾，输入"rd.break"，如图 9-12 所示。

```
load_video
set gfx_payload=keep
insmod gzio
linux ($root)/vmlinuz-4.18.0-80.el8.x86_64 root=/dev/mapper/rhel-root ro crash\
kernel=auto resume=/dev/mapper/rhel-swap rd.lvm.lv=rhel/root rd.lvm.lv=rhel/sw\
ap rhgb quiet rd.break
initrd   ($root)/initramfs-4.18.0-80.el8.x86_64.img $tuned_initrd
```

图 9-12　输入 "rd.break"

（3）输入完成后，按照提示按 Ctrl+X 组合键启动。

（4）把根分区以读写形式重新挂载到/sysroot 下，输入的命令如图 9-13 所示。

```
switch_root:/# mount -o remount,rw  /sysroot
```

图 9-13　输入的命令

（5）切换到/sysroot 目录，该目录就被视为系统的根分区，然后输入 passwd 命令为 root
用户重置口令，如图 9-14 所示。

```
switch_root:/# chroot /sysroot
sh-4.4# passwd root
Changing password for user root.
New password:
Retype new password:
passwd: all authentication tokens updated successfully.
```

图 9-14　重置口令

（6）由于更新口令文件后会生成一个带有不正确的 SELinux 上下文的文件，因此需要
在下次重启系统时重新标记所有文件，相应的命令如图 9-15 所示。

```
sh-4.4# touch /.autorelabel
```

图 9-15　重新标记所有文件的命令

（7）最后输入两遍 exit 命令，重新启动系统，然后输入新口令进入系统。

9.5 本章小结

　　本章详细介绍了 RHEL8 系统启动流程，并给出了两个排除故障的案例，使读者对 GRUB 有比较深刻的认识。学习本章的目的一方面是解决生产中遇到的系统启动时发生的各种错误，另一方面是为以后安装多个操作系统做准备。

第 10 章

磁 盘 管 理

磁盘是最常用的存储设备，无论是在服务器上还是在普通的家用计算机上，都有着举足轻重的地位。虽然磁盘的存储空间越来越大，但其整体技术变化不是特别明显。系统管理员经常需要对磁盘进行管理，如安装操作系统时的分区规划、磁盘空间扩容等。本章主要讲解如何对磁盘进行分区，以及如何进行格式化并挂载使用。在正式讲解磁盘分区前，需要了解两种磁盘分区方案：MBR 分区方案和 GPT 分区方案。

10.1 MBR 分区方案

MBR（主引导记录）最早是由 IBM 公司提出来的，它主要由三部分组成：446 字节的 GRUB 程序、64 字节的分区记录表和 2 字节的 magic number，共计 512 字节。

采用 MBR 分区方案的磁盘最多支持 4 个主分区，原因是每个主分区占用 16 字节，64 字节的分区记录表除以 16 字节等于 4。为了打破 4 个主分区的限制，可以使用扩展分区和逻辑分区。图 10-1 显示了 MBR 分区方案中的主分区、扩展分区及逻辑分区。

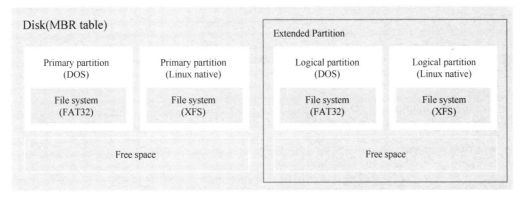

图 10-1 MBR 分区方案中的主分区、扩展分区及逻辑分区

采用 MBR 分区方案的磁盘最多支持 4 个主分区，而扩展分区最多包含 15 个逻辑分区。

10.2 GPT 分区方案

MBR 分区方案有它的局限性，如最大支持 2TiB 分区，最多支持 4 个主分区等。这些限制有时无法满足日常存储需求，因此在使用 UEFI 固件的系统中，GPT 分区方案越来越受到欢迎。与最大只能处理 2TiB 分区的 MBR 分区方案不同，采用 GPT 分区方案的磁盘最大支持 8ZiB 分区，而且最多支持 128 个分区，能够满足各类生产环境的要求。如图 10-2 所示为 GPT 分区方案。

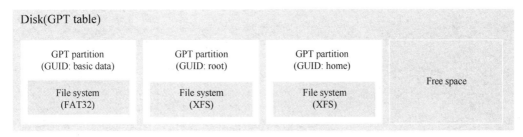

图 10-2 GPT 分区方案

10.3 利用 parted 工具进行分区

parted 工具既可以管理 MBR 格式的磁盘，也可以管理 GPT 格式的磁盘。parted 命令需要使用设备名称作为第一个参数，后面可接上一个或多个其他参数，如果不加后续的其他参数，则以交互式方式提供参数。例如，下面的两种方式都可以打印分区列表。

```
[root@instructor ~]# parted  /dev/sda  print
Model: VMware, VMware Virtual S (scsi)
Disk /dev/sda: 21.5GB
Sector size (logical/physical): 512B/512B
Partition Table: msdos
Disk Flags:

Number  Start    End     Size    Type     File system  Flags
 1      1049kB  1075MB  1074MB  primary  xfs          boot
 2      1075MB  21.5GB  20.4GB  primary               lvm

[root@instructor ~]# parted  /dev/sda
GNU Parted 3.2
Using /dev/sda
Welcome to GNU Parted! Type 'help' to view a list of commands.
(parted) print
Model: VMware, VMware Virtual S (scsi)
Disk /dev/sda: 21.5GB
Sector size (logical/physical): 512B/512B
Partition Table: msdos
Disk Flags:

Number  Start    End     Size    Type     File system  Flags
 1      1049kB  1075MB  1074MB  primary  xfs          boot
 2      1075MB  21.5GB  20.4GB  primary               lvm
```

在创建分区之前，要先设置分区标签来指定使用的分区方案，格式如下：

```
(parted) mklabel table-type
```

其中，table-type 可以替换成 msdos 或 gpt。msdos 代表 MBR 格式，gpt 代表 GPT 格式。创建分区的语法格式如下：

```
(parted) mkpart part-type name fs-type start end
```

part-type 字段通常用于 MBR 格式，可替换成 primary、logical 或 extend。

name 字段通常用于 GTP 格式，每个分区都会获得一个名称。

fs-type 字段用于指定文件系统类型，如 xfs、ext2、ext3、ext4、Linux-swap、ntfs、reiserfs 等类型。注意，这并不会对分区创建文件系统，只是指定分区类型。

start 和 end 字段用于指定分区的起点和终点，如果单位是 s，则表示的是扇区值，也可以指定 MiB、GiB、TiB 作为单位，默认是 MiB。

理解了这些参数后，下面将使用 parted 命令分别演示 MBR 分区和 GPT 分区。为了演示分区过程，在实验计算机上添加了一个新的 20GB 硬盘，名称为 sdb。

1. MBR 分区

这里使用 parted 命令为 sdb 创建分区，然后格式化并挂载。下面以交互式方式进行分区演示。

以 root 用户身份执行 parted 命令，并指定要管理的设备名称/dev/sdb。

```
[root@instructor ~]# parted /dev/sdb
GNU Parted 3.2
Using /dev/sdb
Welcome to GNU Parted! Type 'help' to view a list of commands.
(parted)
```

接下来，输入 mklabel msdos 命令为新硬盘创建类型为 MBR 格式的标签。然后输入 mkpart 命令创建新的主分区或扩展分区，在本例中输入 primary 来创建主分区。如果不清楚输入哪些命令，可以使用 help 命令获取帮助信息。

```
(parted) mklabel msdos
(parted) mkpart
Partition type?  primary/extended? primary
```

指定分区单位为 GB（可选项，如果不指定，那么后续需要自己输入具体的单位）。

```
(parted) unit GB
```

指定分区文件系统类型标识并指定分区的起点和终点。

```
File system type?  [ext2]? xfs
Start? 0GB
End? 1GB
```

使用 print 命令打印分区信息。

```
(parted) print
Model: VMware, VMware Virtual S (scsi)
Disk /dev/sdb: 21.5GB
Sector size (logical/physical): 512B/512B
Partition Table: msdos
Disk Flags:

Number  Start    End      Size     Type     File system  Flags
 1      0.00GB   1.00GB   1.00GB   primary  xfs          lba
```

使用 quit 命令退出分区界面。

```
(parted) quit
Information: You may need to update /etc/fstab.
```

退出 parted 界面后，运行 udevadm settle 命令，等待系统注册新设备节点。

```
[root@instructor ~]# udevadm settle
```

完整的分区步骤如下所示。

```
[root@instructor ~]# parted  /dev/sdb
GNU Parted 3.2
Using /dev/sdb
Welcome to GNU Parted! Type 'help' to view a list of commands.
(parted) mklabel msdos
Warning: The existing disk label on /dev/sdb will be destroyed and all data on
this disk will be lost. Do you want to continue?
Yes/No? Yes
(parted) unit GB
(parted) mkpart
Partition type?  primary/extended? primary
File system type?  [ext2]? xfs
Start? 0GB
End? 1GB
(parted) print
Model: VMware, VMware Virtual S (scsi)
Disk /dev/sdb: 21.5GB
Sector size (logical/physical): 512B/512B
Partition Table: msdos
Disk Flags:

Number  Start    End      Size     Type     File system  Flags
 1      0.00GB   1.00GB   1.00GB   primary  xfs          lba

(parted) quit
Information: You may need to update /etc/fstab.
```

细心的读者可能发现其中有一段警告（Warning）。这段警告的意思是在 sdb 这个硬盘上已经存在磁盘标记，如果重新对它进行标记，该硬盘上的数据会被全部销毁，询问用户是否继续。这一步在生产环境中需要谨慎处理。

2. GPT 分区

同样，使用 parted 命令可以对 GPT 格式的磁盘进行分区，具体步骤如下。

以 root 用户身份执行 parted 命令，后接需要分区的磁盘名称。

```
[root@instructor ~]# parted /dev/sdb
GNU Parted 3.2
Using /dev/sdb
Welcome to GNU Parted! Type 'help' to view a list of commands.
(parted)
```

使用 mklabel gpt 命令为磁盘创建类型为 GPT 格式的标签。

```
(parted) mklabel gpt
```

指定分区单位（可选项）。

```
(parted) unit GB
```

使用 mkpart 命令创建新分区。对于 GPT 格式而言，每个分区需要指定一个名称和一个文件系统类型标识。

```
(parted) mkpart
Partition name?  []? first
File system type?  [ext2]? xfs
```

指定分区的起点和终点。

```
Start? 0GB
End? 1GB
```

使用 print 命令打印分区信息。

```
(parted) print
Model: VMware, VMware Virtual S (scsi)
Disk /dev/sdb: 21.5GB
Sector size (logical/physical): 512B/512B
Partition Table: gpt
Disk Flags:

Number  Start     End      Size     File system  Name    Flags
1       0.00GB    1.00GB   1.00GB   xfs          first
```

使用 quit 命令退出分区界面。

```
(parted) quit
Information: You may need to update /etc/fstab.
```

退出 parted 界面后，运行 udevadm settle 命令，等待系统注册新设备节点。

```
[root@instructor ~]# udevadm settle
```

完整的分区步骤如下所示。

```
[root@instructor ~]# parted /dev/sdb
GNU Parted 3.2
Using /dev/sdb
Welcome to GNU Parted! Type 'help' to view a list of commands.
(parted) mklabel gpt
Warning: The existing disk label on /dev/sdb will be destroyed and all data on this disk will be lost. Do you want
to continue?
Yes/No? Yes
(parted) unit GB
(parted) mkpart
Partition name?  []? first
File system type?  [ext2]? xfs
Start? 0GB
End? 1GB
(parted) print
Model: VMware, VMware Virtual S (scsi)
Disk /dev/sdb: 21.5GB
Sector size (logical/physical): 512B/512B
Partition Table: gpt
Disk Flags:

Number  Start     End      Size     File system  Name    Flags
1       0.00GB    1.00GB   1.00GB   xfs          first

(parted) quit
Information: You may need to update /etc/fstab.
```

10.4 创建文件系统

创建文件系统也称格式化，这是创建新分区后必须完成的步骤。在新建的分区中写入文件系统的目的是让操作系统能够管理存储设备（一般为磁盘）上的数据，即在存储设备上组织数据的方法。RHEL8 系统支持多种文件系统类型，如 xfs、ext4 等，默认使用 xfs 类型。

使用 mkfs 命令可以对新建的分区进行格式化，也就是写入文件系统。

mkfs 命令支持多种文件系统类型。例如，把上一节创建的分区格式化为 xfs 类型，可以输入 mkfs.xfs 命令。

```
[root@instructor ~]# mkfs.xfs /dev/sdb1
meta-data=/dev/sdb1              isize=512    agcount=4, agsize=60992 blks
         =                       sectsz=512   attr=2, projid32bit=1
         =                       crc=1        finobt=1, sparse=1, rmapbt=0
         =                       reflink=1
data     =                       bsize=4096   blocks=243968, imaxpct=25
         =                       sunit=0      swidth=0 blks
naming   =version 2              bsize=4096   ascii-ci=0, ftype=1
log      =internal log           bsize=4096   blocks=1566, version=2
         =                       sectsz=512   sunit=0 blks, lazy-count=1
realtime =none                   extsz=4096   blocks=0, rtextents=0
```

如果想查看当前系统支持哪些文件系统，可以输入 "mkfs."，然后按两次 Tab 键。

```
[root@instructor ~]# mkfs.
mkfs.cramfs  mkfs.ext3   mkfs.fat    mkfs.msdos   mkfs.xfs
mkfs.ext2    mkfs.ext4   mkfs.minix  mkfs.vfat
```

10.5 挂载文件系统

格式化完成后，最后一步就是将文件系统挂载到目录树结构中，让用户能够访问新建的文件系统（分区）。可以使用 mount 命令实现临时挂载。例如，将上一节已经格式化的文件系统挂载到/media 中。其中，/media 为挂载点。管理员可以创建不同名称的挂载点。注意：每个挂载点上只能挂载一个设备或分区。

```
[root@instructor ~]# mount -t xfs /dev/sdb1  /media/
```

其中，-t xfs 可以省略不写。

成功挂载后，可以使用 df -Th（T 选项显示文件系统类型）命令查看文件系统的挂载情况。

```
[root@instructor ~]# df -Th |grep /dev/sdb1
/dev/sdb1              xfs       947M   39M  908M   5% /media
```

使用 mount 命令挂载后，每次重启时系统不会将分区自动挂载到相应的目录下，无法满足持久性的业务需求，因为 mount 命令的功能是临时挂载。为了解决这个问题，可以使用永久挂载的方式。需要把新建的文件系统（分区）写入/etc/fstab 文件来实现永久挂载。接下来将上面的 sdb1 写入该文件。

```
# /etc/fstab
# Created by anaconda on Wed Jan 22 07:48:12 2020
#
# Accessible filesystems, by reference, are maintained under '/dev/disk/'.
# See man pages fstab(5), findfs(8), mount(8) and/or blkid(8) for more info.
#
# After editing this file, run 'systemctl daemon-reload' to update systemd
# units generated from this file.
#
/dev/mapper/rhel-root   /                       xfs      defaults      0 0
UUID=b81c5f9e-491d-48c2-b938-53368d253eee /boot              xfs      defaults      0 0
/dev/mapper/rhel-swap   swap                    swap     defaults      0 0
/dev/sdb1       /media          xfs      defaults      0 0
```

可以看到该文件中的每一行代表一个挂载条目，并且每个条目由 6 个字段组成。

第一个字段用于指定设备名称或设备的 UUID，本例中使用的是设备名称，如果想知道某个设备的 UUID，可以使用 blkid 命令来查询。

第二个字段用于指定挂载点，挂载点可以手动建立。

第三个字段用于指定文件系统类型，本例中使用的是 xfs。

第四个字段是挂载选项集合，defaults 代表默认的一组选项（可通过 man mount 命令查询 defaults 所包含的各种选项）。如果想添加额外的选项，必须使用逗号分隔。

第五个字段用于备份该设备，0 代表关闭备份。

第六个字段表示系统是否使用 fsck 命令检查文件系统，如果文件系统类型是 xfs，则应设置为 0。

填写完成后，保存退出，输入 systemctl daemon-reload 命令，让 systemd 注册新设备。这样就完成了永久挂载。

10.6 磁盘调度

在讲解磁盘调度之前，有必要简单介绍一下磁盘的读写操作原理。当用户的应用程序发起读写请求时，并不是直接把操作请求发往磁盘，这中间包含很多步骤。图 10-3 展示了业界非常权威的 I/O 栈示意图（来源网址为 https://www.thomas-krenn.com/en/wiki/ Linux_Storage_Stack_Diagram）。

该示意图主要分为三层，分别是虚拟文件系统层、通用块层（Block Layer）和设备层。它详细展示了从用户程序发起读写请求到磁盘真正开始工作的流程，下面简单描述一下该流程。

首先，应用程序发起读写请求（通过系统调用实现），如图 10-4 所示。

请求被发往虚拟文件系统（VFS）层。Linux 发行版支持多种类型的文件系统，如 xfs、ext4 等。VFS 层的主要作用是定义一种所有文件系统都支持的数据结构和标准接口，如图 10-5 所示。

接下来就是通用块层。它的作用和 VFS 层类似，为了减少不同设备之间的差异，通过通用块层来抽象一个统一管理各种不同设备的标准接口。通用块层处在虚拟文件系统层和设备层之间，起到承上启下的作用。该层将文件系统和不同应用程序发来的读写请求（I/O 请求）进行合并和排序，本节重点讲解的 I/O 调度也发生在这一层，如图 10-6 所示。

图 10-6 中有两种不同的 I/O 调度。左边是传统的单队列 I/O 调度，而右边则是多队列 I/O 调度。在 RHEL8 中默认支持多队列 I/O 调度。

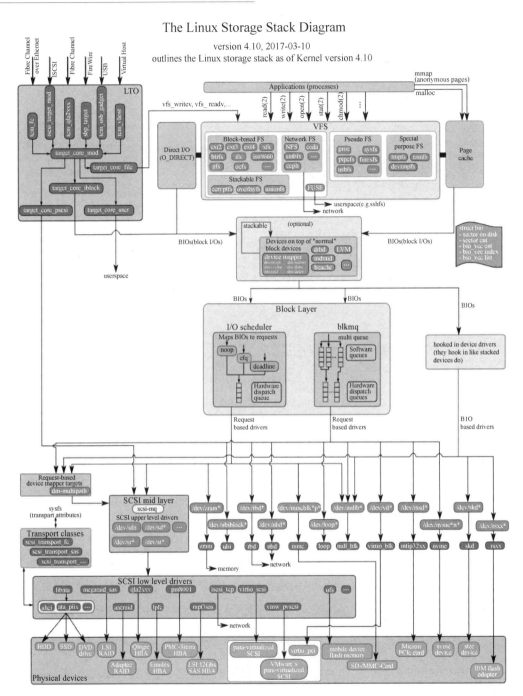

图 10-3 I/O 栈示意图

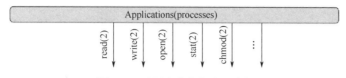

图 10-4　应用程序发起读写请求

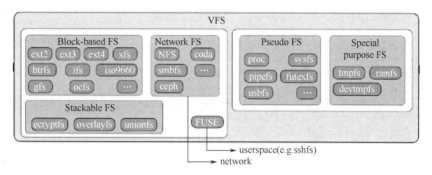

图 10-5　VFS 层

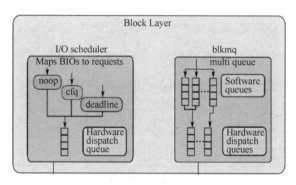

图 10-6　通用块层

最后，把 I/O 请求发送给设备层，这一层包括存储设备和相应的存储驱动，负责最终的设备 I/O 操作。

传统的机械硬盘需要寻址（将磁头定位到特定块上的某一位置），这需要消耗时间。为了优化寻址，内核不会简单地把请求按照发起次序直接发送给磁盘，而是在提交前先执行合并与排序的操作。所谓合并，就是将多个请求合为一个请求。例如，某个新请求和一个已经存在于请求队列中的请求所请求访问的磁盘扇区相邻，则这个新请求将会和已经存在的这个请求合并成一个新的请求，这样就减少了系统的开销和磁盘的寻址次数。

所谓排序，就是将整个请求队列按扇区增长方向有序排列。例如，有一个新请求，它需要操作的磁盘扇区位置与当前请求接近，那么就可以排序，目的就是让这两个请求在队列中也接近。这样做的好处是磁头会朝着一个方向移动，缩短了寻址时间。所以无论是合并还是排序，其目的都是减少寻址时间，达到优化磁盘的目的。

传统的磁盘调度的主要目的是让磁头尽可能朝一个方向移动，类似于人们乘坐电梯，因此磁盘调度算法也称电梯算法。随着固态硬盘（SSD）在企业中的利用率越来越高，它慢慢取代了传统的机械硬盘。它的优势主要体现在没有机械硬盘的寻址时间、旋转延迟、机械故障（没有机械臂、磁头等机械部件）等方面。不过，SSD 也有它的缺点和局限性。例如，它的容量较小（与机械硬盘相比），成本高且使用寿命短。大多数传统的调度算法都不适用于 SSD。RHEL8 支持多队列 I/O 调度，用它取代了之前版本（RHEL7 或更早的发行版）中的单队列 I/O 调度。这使得块层性能可以在 SSD 和多核系统中得到很好的扩展。

多队列 I/O 调度的总体思想是，允许使用多队列 I/O 排队机制（blk-mq），该机制支持把 I/O 操作映射到多个硬件或软件的请求队列中。将 I/O 操作映射到不同队列和执行线程的好处是可以使线程由每个 CPU 上的不同核心去执行。

1. 多队列 I/O 调度策略

在 RHEL8 中，默认支持以下 4 种多队列 I/O 调度策略。

mq-deadline：这是多队列的 deadline(最后期限)调度策略。在 RHEL8 之前的版本中，deadline 调度策略是单队列 I/O 调度策略之一。如果对磁盘中的某个区域频繁操作，就会使磁盘其他区域上的请求由于长期得不到操作机会而出现请求饥饿的现象，这是不公平的现象。为了缓解这个问题，出现了 mq-deadline（单队列中的 deadline）。这种 I/O 调度策略使用两种队列：第一种是普通排序队列，该队列按扇区对请求进行排序；第二种是按过期时间进行排序的队列，又分为读过期请求队列和写过期请求队列。如果是普通的 I/O 请求操作，则从普通排序队列中执行 I/O 操作。如果当前时间超过了请求指定的过期时间，则从读过期请求队列或写过期请求队列中执行 I/O 操作。

kyber：该调度策略会调整自身以达到延迟目标，可以为读取和同步写入请求配置目标等待时间。该调度策略适用于快速设备，如 SSD 或更低延迟的设备。

bfq：全称是 Budget Fair Queueing（预算公平队列），可以理解为 cfq（完全公平队列，RHEL8 之前的单队列 I/O 调度策略之一）的升级版本。cfq 会按照进程分配队列，也就是说，来自 A 进程的 I/O 请求会被放入 A 进程的队列中，来自 B 进程的 I/O 请求会被放入 B 进程的队列中；同时，为每个进程的队列分配时间片，然后以轮询时间片的方式来执行不同进程队列中的 I/O 操作，以此达到进程级别的公平。bfq 是基于 cfq 的代码，但不同的是，bfq 不再为每个进程分配时间片，而是在进程用尽先前分配的预算（以扇区数量衡量）之前，让每个进程访问磁盘。

none：这种 I/O 调度策略适用于支持 NVMe 磁盘占用的快速随机 I/O 设备。它替代了单队列 I/O 调度策略中的 noop。

2. 设置 I/O 调度策略

RHEL8 支持 4 种多队列 I/O 调度策略。在/sys/block/disk_device/queue/scheduler 中列出了可用的 I/O 调度策略。用方括号括起来的是当前正在使用的 I/O 调度策略，

```
[root@instructor ~]# cat /sys/block/sda/queue/scheduler
[mq-deadline] kyber bfq none
```

想临时将 I/O 调度策略更改为 bfq，可使用如下命令。

```
[root@instructor ~]# echo  'bfq' > /sys/block/sda/queue/scheduler
[root@instructor ~]# cat /sys/block/sda/queue/scheduler
mq-deadline kyber [bfq] none
```

在/sys/block/disk_device/queue/iosched 目录中存有某个正在使用的 I/O 调度策略的具体调优参数。例如，下面展示的是 mq-deadline 的具体调优参数。

```
[root@instructor ~]# cd /sys/block/sda/queue/iosched/
[root@instructor iosched]# ls
fifo_batch  front_merges  read_expire  write_expire  writes_starved
```

注意：如果对这些参数不了解，切勿随意更改。

10.7　本章小结

　　本章主要讲解的是磁盘管理，可以利用 parted 工具对磁盘进行分区。Parted 既能管理 MBR 格式的磁盘，也能管理 GPT 格式的磁盘。分区经过格式化后才能使用，最终挂载到文件系统结构树中，让用户访问。管理员必须将这些操作熟记于心。

　　本章还介绍了 RHEL8 系统中的磁盘调度。RHEL8 系统默认采用多队列 I/O 调度，并且有 4 种调度策略：mq-deadline、kyber、bfq 和 none。这些调度策略都可以根据不同的工作负载情况进行调整。

第 11 章

逻辑卷管理器

上一章介绍了使用 parted 工具对磁盘进行分区。如果管理员在规划分区大小时没有划分足够大的空间，随着时间的推移，磁盘的可利用率会越来越低，从而出现磁盘爆满的现象，而一旦确定了分区的大小，之后就无法灵活地进行扩容。采用逻辑卷管理器可以解决这个问题。

11.1　逻辑卷管理器简介

逻辑卷管理器（Logical Volume Manager，LVM）其实是在物理存储设备上创建了一个抽象层，可以将一个或多个存储设备抽象成一个大的存储设备，并在其上划分可以管理的卷设备，将卷设备格式化并挂载到挂载点上。当卷设备的空间不足时，可以灵活地进行扩容，实现动态管理存储设备的目的。

从用户使用的角度来看，卷设备和普通磁盘没有太大的不同，可以正常挂载并使用。对于系统来说，LVM 的抽象层屏蔽了底层物理存储设备的差异，无须单独考虑某个具体的物理存储设备带来的差异。当新的物理存储设备被添加到服务器中时，不需要把原来的数据复制到新存储设备上，而是通过 LVM 直接扩展文件系统来跨越物理存储设备。

11.2 LVM 术语

LVM 将底层的物理存储设备抽象化，然后以逻辑卷的形式呈现给最终用户。图 11-1 展示了 LVM 的架构。

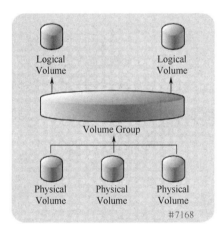

图 11-1 LVM 的架构

下面介绍与 LVM 有关的术语。

物理存储设备：可以是物理磁盘、磁盘分区、RAID 阵列或其他存储设备。

物理卷（Physical Volume，PV）：LVM 中最基本的逻辑存储单元，必须把物理存储设备通过命令转变成 PV。

逻辑卷组（Volume Group，VG）：至少由一个 PV 组成，用于提供存储池。

逻辑卷（Logical Volume，LV）：LV 创建在 VG 之上，在 LV 上创建文件系统，挂载后提供给用户使用。

物理块（Physical Extent，PE）：PV 中最小的存储单元，PE 的大小可以指定。

接下来讲解如何通过命令行的方式创建逻辑卷并实现对逻辑卷空间的动态管理。

11.3 创建 LVM

创建 LVM 的第一步就是确定要使用的物理存储设备，它可以是物理磁盘、磁盘分区或 RAID 阵列等。这里使用磁盘分区来讲解，使用 parted 工具或其他分区工具划分三个大小为 1GB 的分区，名称分别为 sdb1、sdb2、sdb3。

1. 创建物理卷

无论使用何种形式的物理存储设备，都必须使用 pvcreate 命令将其初始化为 PV，也就是物理卷。pvcreate 命令后面直接跟上物理存储设备的名称，如果有多个物理存储设备，可以使用空格进行分隔。例如，本例中要把/dev/sdb1、/dev/sdb2 和/dev/sdb3 初始化为 PV。

```
[root@instructor ~]# pvcreate  /dev/sdb1 /dev/sdb2 /dev/sdb3
  Physical volume "/dev/sdb1" successfully created.
  Physical volume "/dev/sdb2" successfully created.
  Physical volume "/dev/sdb3" successfully created.
```

提示 "successfully created" 代表创建成功。可以使用 pvs 命令进行查看。

```
[root@instructor ~]# pvs
  PV         VG   Fmt  Attr PSize   PFree
  /dev/sda2  rhel lvm2 a--  <19.00g     0
  /dev/sdb1       lvm2 ---   1.00g 1.00g
  /dev/sdb2       lvm2 ---   1.00g 1.00g
  /dev/sdb3       lvm2 ---   1.00g 1.00g
```

其中，/dev/sda2 是系统中已经存在的物理卷。sdb1、sdb2 和 sdb3 都已经成为 PV，但它们不属于任何 VG。如果想了解更加详细的信息，可以使用 pvdisplay 命令后面跟上具体的 PV 名称，如下所示。

```
[root@instructor ~]# pvdisplay  /dev/sdb1
  "/dev/sdb1" is a new physical volume of "1.00 GiB"
  --- NEW Physical volume ---
  PV Name               /dev/sdb1
  VG Name
  PV Size               1.00 GB
  Allocatable           NO
  PE Size               0
  Total PE              0
  Free PE               0
  Allocated PE          0
  PV UUID               bMgQsm-74ux-YsQQ-cFnN-DPTk-srhL-TcpEXC
```

其中比较重要的几个部分介绍如下。

PV Name：PV 的名称。

PV Size：PV 的大小。

PV UUID： PV 的唯一标识。

2. 创建卷组

卷组至少由一个 PV 组成，目的是提供存储池。可以使用 vgcreate 命令创建卷组，后面跟上卷组的名称和要加入该卷组的物理卷的名称。例如，本例中要把 sdb1 和 sdb2 这两个 PV 加入名为 vg1 的卷组中（sdb3 将在后面使用）。

```
[root@instructor ~]# vgcreate  vg1 /dev/sdb1 /dev/sdb2
  Volume group "vg1" successfully created
```

出现 "successfully created" 说明创建成功，可以使用 vgs 命令来查看。

```
[root@instructor ~]# vgs
  VG   #PV #LV #SN Attr   VSize   VFree
  rhel   1   2   0 wz--n- <19.00g     0
  vg1    2   0   0 wz--n-  1.99g 1.99g
```

上面的内容显示，vg1 是由 2 个 PV 组成的。如果想查看更加详细的信息，可以使用 vgdisplay 命令后面跟上具体的 VG 名称，如下所示。

```
[root@instructor ~]# vgdisplay  vg1
  --- Volume group ---
  VG Name               vg1
  System ID
  Format                lvm2
  Metadata Areas        2
  Metadata Sequence No  1
  VG Access             read/write
  VG Status             resizable
  MAX LV                0
  Cur LV                0
  Open LV               0
  Max PV                0
  Cur PV                2
  Act PV                2
  VG Size               1.99 GB
  PE Size               4.00 MB
  Total PE              510
  Alloc PE / Size       0 / 0
  Free  PE / Size       510 / 1.99 GB
  VG UUID               IV8xuO-1kiK-axID-sUS0-bZDa-qLo0-RrrsCL
```

其中比较重要的几个部分介绍如下。

VG Name：VG 的名称。

VG Size：VG 的大小。

PE Size：每个 PE 的大小，默认为 4MB。

Total PE：该 VG 中总共包含多少个 PE。

VG UUID：VG 的唯一标识号。

利用 vgcreate 命令创建 VG，如果未指定 PE 的大小，则默认每个 PE 的大小均为 4MB，可以使用-s 选项指定 PE 的大小。

3. 创建逻辑卷

创建完卷组后，需要从卷组中划分空间创建逻辑卷。可以使用 lvcreate 命令来完成。lvcreate 命令后面需要跟一个-n 选项来指定 LV 的名称，接着指定卷组的名称。-L 选项用于指定逻辑卷的大小，-l 选项用于指定 PE 的个数。例如，本例中要创建一个名为 lv1 的逻辑卷，大小为 1.5GB。

```
[root@instructor ~]# lvcreate  -n lv1 vg1 -L 1.5G
  Logical volume "lv1" created.
```

输出提示创建了名为 lv1 的逻辑卷，可以使用 lvs 命令来查看。

```
[root@instructor ~]# lvs
  LV    VG   Attr       LSize   Pool Origin Data%  Meta%  Move Log Cpy%Sync Convert
  root  rhel -wi-ao---- <17.00g
  swap  rhel -wi-ao----   2.00g
  lv1   vg1  -wi-a-----   1.50g
```

如果想查看更加详细的信息，可以使用 lvdisplay 命令后面跟上该逻辑卷的绝对路径，如下所示。

```
[root@instructor ~]# lvdisplay /dev/vg1/lv1
  --- Logical volume ---
  LV Path                /dev/vg1/lv1
  LV Name                lv1
  VG Name                vg1
  LV UUID                MDwsv9-pRu6-9ubh-UuaL-tMTd-zjsx-2MJ3qe
  LV Write Access        read/write
  LV Creation host, time instructor, 2020-12-08 17:55:44 +0800
  LV Status              available
  # open                 0
  LV Size                1.50 GB
  Current LE             384
  Segments               2
  Allocation             inherit
  Read ahead sectors     auto
  - currently set to     8192
  Block device           253:2
```

其中比较重要的几个部分介绍如下。

LV Path：逻辑卷的绝对路径。

LV Name：逻辑卷的名称。

VG Name：卷组的名称。

LV Size：逻辑的卷的大小。

LV Status：逻辑卷的状态，这里为可用。

4. 创建文件系统（格式化）

和普通分区一样，创建完逻辑卷后需要将其写入文件系统，可以使用 mkfs 命令。例如，将上面创建的逻辑卷写入 xfs 格式的文件系统。

```
[root@instructor ~]# mkfs.xfs /dev/vg1/lv1
meta-data=/dev/vg1/lv1           isize=512    agcount=4, agsize=98304 blks
         =                       sectsz=512   attr=2, projid32bit=1
         =                       crc=1        finobt=1, sparse=1, rmapbt=0
         =                       reflink=1
data     =                       bsize=4096   blocks=393216, imaxpct=25
         =                       sunit=0      swidth=0 blks
naming   =version 2              bsize=4096   ascii-ci=0, ftype=1
log      =internal log           bsize=4096   blocks=2560, version=2
         =                       sectsz=512   sunit=0 blks, lazy-count=1
realtime =none                   extsz=4096   blocks=0, rtextents=0
```

5. 永久挂载

最后一步需要创建挂载点，并将逻辑卷与挂载点写入/etc/fstab 文件中以实现永久挂载，如下所示。

```
/dev/vg1/lv1    /data    xfs    defaults    0    0
```

以上就是创建 LVM 的完整过程。

11.4　扩展卷空间

创建 LVM 的主要目的就是让管理员可以灵活地管理卷空间，如在空间不足时进行在线扩容，或者缩小卷空间（必须先卸载该卷）。本节主要讲解如何扩展卷空间，包括扩展卷组空间和扩展逻辑卷的空间。

在上节的案例中，成功创建了一个名为 lv1 且大小为 1.5GB 的逻辑卷。假设随着时间的推移，该卷可用空间不足了，这时可以使用命令进行在线扩容。所谓在线，就是不需要卸载，不会影响正常的业务。

在本例中，管理员希望把逻辑卷 lv1 扩容到 2.5GB。在扩容之前，可以使用 vgs 命令查看当前 VG 的大小，如下所示。

```
[root@instructor ~]# vgs
  VG    #PV #LV #SN Attr   VSize   VFree
  rhel    1   2   0 wz--n- <19.00g      0
  vg1     2   1   0 wz--n-   1.99g 504.00m
```

可以看出，vg1 还剩下 504MB 空间。很显然，剩余的空间满足不了扩容的需求，因此需要先将 vg1 扩容，然后扩容 lv1。在上一节创建 LVM 时，保留了一个 PV（sdb3），这里使用 vgextend 命令把它加入 vg1 中，以实现扩展卷组空间的目的。

```
[root@instructor ~]# vgextend  vg1 /dev/sdb3
  Volume group "vg1" successfully extended
```

提示 "successfully extended" 说明该卷组已经成功扩容，可以通过 vgs 命令再次查看，如下所示。

```
[root@instructor ~]# vgs
  VG    #PV #LV #SN Attr   VSize   VFree
  rhel    1   2   0 wz--n- <19.00g      0
  vg1     3   1   0 wz--n- <2.99g  <1.49g
```

由于卷组已经被扩容到 1.49GB，因此有足够的剩余空间把逻辑卷扩容到 1.5GB。可以使用 lvextend 命令扩展逻辑卷的空间。

```
[root@instructor ~]# lvextend  -L 2.5G  /dev/vg1/lv1
  Size of logical volume vg1/lv1 changed from 1.50 GiB (384 extents) to 2.50 GiB (640 extents).
  Logical volume vg1/lv1 successfully resized.
```

该命令将逻辑卷 lv1 的空间扩展到了 2.5GB。注意：-L 选项前如果未加上 "+" 符号，则代表把逻辑卷扩容到最终大小；如果有 "+" 符号，则代表在原有大小的基础上加上此值。

接着使用 xfs_growfs 命令后跟挂载点来实现扩展文件系统的目的。

```
[root@instructor ~]# xfs_growfs /data/
```

注意：如果是 ext4 类型的文件系统，可以使用 resize2fs 命令后跟逻辑卷路径来实现扩展文件系统的目的。

完成扩容后，可以使用 df -Th 命令查看如下所示。

```
[root@instructor ~]# df -Th |grep /data
/dev/mapper/vg1-lv1    xfs        2.5G   51M  2.5G    2% /data
```

11.5 缩小卷组

卷组是由物理卷组成的，因此缩小卷组其实就是把卷组中的某个或某几个物理卷从卷组中抽离。首先，使用 pvmove 命令将卷组中要抽离的物理卷中的物理块重新放置到卷组中其他物理卷中。此操作要求其他物理卷上有足够的空间容纳这些移动过来的物理块。然后，使用 vgreduce 命令完成缩小卷组的操作。

下面将演示如何缩小卷组。本例中有一个名为 vg2 的卷组，它是由 sdb5、sdb6 和 sdb7 三个物理卷组成的。使用 pvs 命令来查看卷组，如下所示。

```
[root@instructor ~]# pvs |grep vg2
  /dev/sdb5  vg2  lvm2 a--    96.00m  96.00m
  /dev/sdb6  vg2  lvm2 a--    96.00m  40.00m
  /dev/sdb7  vg2  lvm2 a--    96.00m       0
```

把 sdb7 中的物理块移动到其他同属于 vg2 的物理卷中，使用如下所示的命令。

```
[root@instructor ~]# pvmove /dev/sdb7
  /dev/sdb7: Moved: 100.00%
```

完成后，再次使用 pvs 命令查看，sdb7 的剩余空间已经从 0MB 变成了 96MB。

```
[root@instructor ~]# pvs |grep vg2
  /dev/sdb5  vg2  lvm2 a--    96.00m       0
  /dev/sdb6  vg2  lvm2 a--    96.00m  40.00m
  /dev/sdb7  vg2  lvm2 a--    96.00m  96.00m
```

然后，使用 vgreduce 命令从卷组中删除物理卷。

```
[root@instructor ~]# vgreduce  vg2  /dev/sdb7
  Removed "/dev/sdb7" from volume group "vg2"
```

上面显示的是把 sdb7 这个物理卷从 vg2 中删除，也可以使用 pvremove 命令永久停止该物理卷。

```
[root@instructor ~]# pvremove  /dev/sdb7
  Labels on physical volume "/dev/sdb7" successfully wiped.
```

11.6　本章小结

本章主要介绍了如何使用 LVM 对磁盘空间进行灵活管理。在创建 LVM 之前，需要准备物理存储设备，它可以是磁盘、分区或 RAID 阵列等设备，先使用 pvcreate 命令将这些物理存储设备转换为 PV，然后使用 vgcreate 命令创建 VG，VG 提供存储池，最后使用 lvcreate 命令从存储池中划分空间来实现 LV，当某个 LV 空间不足时可以在线对其进行扩容。

第 12 章

使用 stratis 管理逻辑分层

在 RHEL8 中，推出了 stratis 存储管理方案。它和 LVM 一样，都是利用存储池来管理物理存储设备，即利用一个或多个物理存储设备组成存储池，然后从该存储池中创建多个文件系统并挂载使用。

12.1　stratis 架构

在学习创建 stratis 之前，先来了解其架构。图 12-1 展示的是 stratis 架构。

底层是若干物理块设备，这些物理块设备可以是磁盘、分区或 ISCSI 存储等。将这些物理块设备池化，存储池的大小等于物理块设备的总大小。存储池中还包括很多逻辑层，如 dm-thin、dm-cache 等。当存储池创建完成后，stratis 会为每个存储池创建一个 /stratis/my-pool 目录，这个目录指向表示存储池中 stratis 文件系统的设备的链接。每个存储池中又可以创建一个或多个文件系统，这些文件系统用于存储文件，这些文件系统默认使用 xfs 格式化，因此不需要对 stratis 创建的文件系统手动进行格式化。

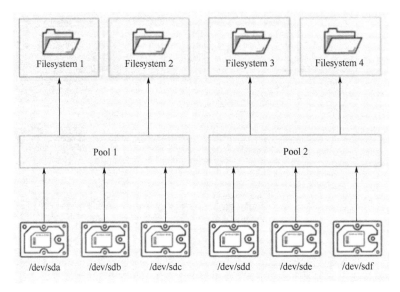

图 12-1　stratis 架构

12.2　stratis 分层

从整体来看，stratis 分成三层，分别是 Blockdev、存储池和文件系统。

Blockdev 负责管理物理块设备，如磁盘或分区等。在内部使用 Thinpool 子系统来管理存储池。每个存储池中都可以进一步创建一个或多个文件系统。stratis 文件系统没有固定的大小，文件系统的大小会随着在其上数据量的增加而增加，如果数据的大小接近文件系统的虚拟大小，分层就会自动增加卷和文件系统空间的大小。

12.3　创建和监控 stratis

在创建 stratis 精简卷之前，需要在系统中安装 stratisd 和 stratis-cli 两个软件包。stratis-cli

提供了 stratis 命令，stratisd 提供了 stratisd 服务。

```
[root@instructor ~]# yum install stratis-cli stratisd -y
```

安装完成后，使用 systemctl 命令激活 stratisd 服务。

```
[root@instructor ~]# systemctl enable --now stratisd
```

接着创建存储池，这需要物理块设备。本例中已经准备好了两个物理存储设备/dev/sdc 和/dev/sdd，大小均为 10GB。执行下面的命令，利用/dev/sdc 创建卷组池。

```
[root@instructor ~]# stratis pool create pool1 /dev/sdc
```

使用 stratis pool list 命令查看池的信息。

```
[root@instructor ~]# stratis pool list
Name       Total Physical Size  Total Physical Used
pool1                   10 GB                 52 MB
```

可以看到实际的物理空间是 10GB，也就是/dev/sdc 的实际大小。若想增加额外的物理块设备到池中，可以使用如下命令。

```
[root@instructor ~]# stratis pool add-data pool1 /dev/sdd
```

使用 stratis blockdev list 命令查看池中的物理块设备。

```
[root@instructor ~]# stratis blockdev list
Pool Name   Device Node   Physical Size   State    Tier
pool1       /dev/sdc            10 GB      In-use   Data
pool1       /dev/sdd            10 GB      In-use   Data
```

上面的内容显示，pool1 中已经存在两个设备节点，即/dev/sdc 和/dev/sdd，大小分别为 10GB，再次使用 stratis pool list 命令查看，池的大小已经变成了 20GB。

```
[root@instructor ~]# stratis pool list
Name       Total Physical Size  Total Physical Used
pool1                   20 GB                 56 MB
```

卷组池创建完成后，需要在池中创建文件系统，使用 stratis filesystem（或 fs）create 命令来完成，如下所示。

```
[root@instructor ~]# stratis fs create pool1 fs1
```

创建完成后，使用 stratis filesystem（或 fs）list 命令查看文件系统的信息。

```
[root@instructor ~]# stratis fs list
Pool Name   Name   Used    Created            Device             UUID
pool1       fs1    546 MiB Dec 18 2020 04:56  /stratis/pool1/fs1  b4864c2e8e234ba5bf84683fa827e8f6
```

要注意 Used 这一列，如果有数据写入，相应的值会增大。

如果想使用文件系统，必须创建挂载点并挂载。本例中创建名为/test 的挂载点，并写入/etc/fstab 来实现永久挂载。

```
/stratis/pool1/fs1 /test xfs defaults,x-systemd.requires=stratisd.service  0  0
```

需要注意的是，上节中提到，stratis 文件系统默认已经格式化为 xfs 类型，因此不需要手动进行格式化操作，同时必须加入 x-systemd.requires=stratisd.service 条目，目的是延迟挂载文件系统，直到 stratisd 服务启动。如果未加上该条目，将会在下次重启系统时出现启动不成功的问题。

保存退出后，使用 df 命令查看大小，发现大小为 1.0TB。很明显，pool1 的实际大小只有 20GB，这是由于 stratis 卷使用精简配置，1.0TB 实际是虚拟大小。

```
[root@instructor ~]# df -Th |grep /test
/dev/mapper/stratis-1-850ebdf64b27436eb383c65b363032d7-thin-fs-b4864c2e8e234ba5bf84683fa827e8f6 xfs     1.0T  7.2G 1017G   1% /test
```

接下来，使用 dd 命令往/test 目录下写入 4GB 大小的文件。

```
[root@instructor ~]# dd if=/dev/zero of=/test/file1 bs=1M count=4048
```

再次使用 stratis fs list 命令验证文件系统的使用量随着写入数据的增加而增加。

```
[root@instructor test]# stratis fs list
Pool Name   Name   Used     Created            Device             UUID
pool1       fs1    4.49 GiB Dec 18 2020 04:56  /stratis/pool1/fs1  b4864c2e8e234ba5bf84683fa827e8f6
```

12.4   创建快照

在 stratis 中支持为文件创建快照，该快照是独立于原文件的。当对快照做修改时，修改的部分不会影响原文件，下面将演示创建 stratis 快照。

使用 stratis filesystem（或 fs）snapshot 命令为 fs1 文件系统创建快照，快照名称为 snp1。

```
[root@instructor test]# stratis fs snapshot pool1 fs1 snp1
```

创建完成后，使用 stratis fs list 查看快照情况。

```
[root@instructor test]# stratis fs list
Pool Name   Name   Used     Created             Device                UUID
pool1       fs1    4.49 GiB Dec 18 2020 04:56   /stratis/pool1/fs1    b4864c2e8e234ba5bf84683fa827e8f6
pool1       snp1   4.49 GiB Dec 18 2020 17:08   /stratis/pool1/snp1   676bfcf36d0c4e47a89165762090f441
```

为了验证快照的效果，将之前用 dd 命令创建的 file1 文件删掉。

```
[root@instructor test]# rm -rf /test/file1
```

然后创建挂载点/snp，并把刚才创建的快照 snp1 挂载上去。

```
[root@instructor test]# mount /stratis/pool1/snp1 /snp
[root@instructor test]# cd /snp/
[root@instructor snp]# ls
file1
```

挂载完成后，发现 file1 依然存在，说明快照已经生效。

12.5   本章小结

本章主要介绍了利用 stratis 存储来实现灵活的文件系统，它能够随数据动态增长。stratis 存储管理支持精简配置、快照和监控功能。

第 13 章

利用 tuned 进行系统调优

　　RHEL 提供了一个名为 tuned 的服务，该服务会帮助管理员针对不同类型的工作负载进行系统调优。tuned 服务以静态和动态两种形式对系统进行调优。tuned 服务还包括很多预定义的配置文件，这些配置文件对应不同的工作负载。

13.1　静态调优

　　所谓静态调优，是指内核可调参数是根据总体性能预期设置的，而不会随着系统负载变化而变动。

13.2　动态调优

　　所谓动态调优，是指 tuned 服务会根据系统的活动情况进行调优，从而适应当前的负载。在 RHEL8 中动态调优功能被禁用。如果想启用该功能，则需要在/etc/tuned/tuned-main.conf 配置文件中将 dynamic_tuning 的值设置为 1。启用动态调优功能后，tuned 服务默认 10 秒钟通过系统调整一次。可以在/etc/tuned/tuned-main.conf 配置文件中通过 update_interval 选项设置时间间隔。

13.3　tuned 配置文件的选择

在 RHEL8 中已经安装了 tuned 软件包，系统管理员可以直接使用 tuned 服务对系统做调优配置。tuned 服务之所以能够为特定的工作负载调优，是因为它包含了很多配置文件，这些配置文件也是 tuned 服务的核心。系统管理员可以直接使用预定义的配置文件，也可以自定义配置文件以适应生产环境中的工作负载。

tuned 服务提供了以下几种预定义的配置文件。

balanced：适合需要在节能和性能提升之间做折中的系统。

desktop：它基于 balanced 配置文件，适合需要快速响应的交互式系统。

throughput-performance：针对要求高吞吐量的系统，它禁用了节能机制。磁盘中的 readahead 调优参数被设置为 4096KB。该配置文件还启用了内核可调参数，以便提高磁盘和网络的 I/O。

latency-performance：适合牺牲能耗来获取低延迟的系统。它禁用了节能机制，并设置了内核中可改善延迟的参数。

network-latency：它基于 latency-performance 配置文件。它启用了网络调优参数，以提高较低的网络延迟。该配置文件禁用了透明大页和其他几个与网络相关的内核参数，以降低网络延迟。

network-throughput：它基于 throughput-performance 配置文件。该配置文件增加了内核

网络缓冲区来提高网络性能和最大网络吞吐量。

powersave：适合要求节能的系统。

oracle：该配置文件是由 tuned-profiles-oracle 软件包提供的。它是针对 Oracle 数据库优化的配置文件。

virtual-guest：适合运行在虚拟机上的系统，以提供最大的性能。

virtual-host：适合充当运行虚拟机的主机，该配置文件可使主机系统获得最大的性能。

13.4 管理 tuned 配置文件

tuned-adm 命令可以用来查询、列出、推荐和更改 tuned 配置文件。例如，使用 tuned-adm active 命令查看当前正在使用的配置文件。

```
[root@instructor ~]# tuned-adm active
Current active profile: virtual-guest
```

如果想列出系统可用的配置文件，可以使用 tuned-adm list 命令。

```
[root@instructor ~]# tuned-adm list
Available profiles:
- balanced              - General non-specialized tuned profile
- desktop               - Optimize for the desktop use-case
- latency-performance   - Optimize for deterministic performance at the cost of increased power consumption
- network-latency       - Optimize for deterministic performance at the cost of increased power consumption, focused on low latency network performance
- network-throughput    - Optimize for streaming network throughput, generally only necessary on older CPUs or 40G+ networks
- powersave             - Optimize for low power consumption
- throughput-performance - Broadly applicable tuning that provides excellent performance across a variety of common server workloads
- virtual-guest         - Optimize for running inside a virtual guest
- virtual-host          - Optimize for running KVM guests
Current active profile: virtual-guest
```

如果不确定当前系统适合采用哪种配置文件，可以使用 tuned-adm recommend 命令让 tuned 服务推荐配置文件。

```
[root@instructor ~]# tuned-adm recommend
virtual-guest
```

如果想将当前使用的配置文件更改为其他配置文件，可以使用 tuned-adm profile 命令后面接上希望使用的配置文件的名称。

```
[root@instructor ~]# tuned-adm profile network-latency
[root@instructor ~]# tuned-adm active
Current active profile: network-latency
```

可以看出，配置文件已经从原来的 virtual-guest 变成了 network-latency。

还可以关闭 tuned 服务的调优行为。

```
[root@instructor ~]# tuned-adm off
[root@instructor ~]# tuned-adm active
No current active profile.
```

关闭后，配置文件就不生效了。

13.5 自定义配置文件

在真实的生产环境中，系统的情况是千变万化的，往往需要管理员自定义适合不同生产环境的配置文件，而 tuned 服务是支持管理员创建新配置文件的。

/usr/lib/tuned 目录用于保存 tuned 服务提供的预定义配置文件，每个配置文件都保存在与其同名的子目录中。

```
[root@instructor ~]# cd /usr/lib/tuned/
[root@instructor tuned]# ls
balanced  functions             network-latency   powersave    throughput-performance  virtual-host
desktop   latency-performance   network-throughput recommend.d  virtual-guest
[root@instructor tuned]# cd throughput-performance/
[root@instructor throughput-performance]# ls
tuned.conf
```

由上述内容可以看出，进入 throughput-performance 这个配置文件子目录，可以看见 tuned.conf 文件，其中包含很多可调优的参数。

/etc/tuned 目录中有一个 active_profile 文件，该文件中保存着当前系统正在使用的 tuned 配置文件。

```
[root@instructor tuned]# cd /etc/tuned/
[root@instructor tuned]# ls
active_profile  bootcmdline  profile_mode  recommend.d  tuned-main.conf
[root@instructor tuned]# cat active_profile
virtual-guest
```

　　自定义配置文件首先要在/etc/tuned 目录中创建子目录,该子目录的名称就是自定义配置文件的名称，如 mkdir/etc/tuned/my_profile。在新建的子目录中创建 tuned.conf 文件，该文件中包含很多可调优的参数。

　　在创建自定义配置文件时，可以继承父配置文件，通常需要在 tuned.conf 文件中的 [main]字段中使用 included 命令指定父配置文件的名称。配置文件的层级关系如图 13-1 所示。

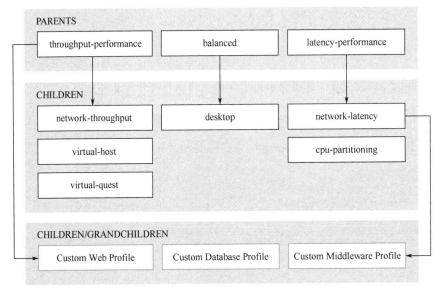

图 13-1　配置文件的层级关系

　　例如，在查看 desktop 配置文件时，会发现该配置文件引用 balanced 作为它的父配置文件。

```
[main]
summary=Optimize for the desktop use-case
include=balanced
```

tuned 支持各种不同的插件。自定义配置文件需要借助这些插件来监视和调优不同的子系统，因此需要先介绍一下这些插件。

tuned 主要有以下两种不同类型的插件。

（1）用于监控的插件。

监控插件用于监控运行中的系统的各种信息。当前支持的监控插件有三个：disk 用于获取每个磁盘的 I/O 指标，net 用于获取每个网卡的网络负载指标，load 用于获取每个 CPU 的负载指标。

（2）用于调优的插件。

调优插件主要针对子系统的调优，并且定义了各种属性值。调优插件包括针对 CPU 调优的 CPU 插件、针对磁盘调优的 disk 插件、针对网络调优的 net 插件、针对是否开启透明大页的 vm 插件、针对各种 sysctl 参数调优的 sysctl 插件等。

13.5.1 插件的语法

在 tuned.conf 文件中使用插件时，要注意其语法格式，插件的语法格式如图 13-2 所示。

图 13-2 插件的语法格式

[NAME]：插件的名称，可任意指定。

type：指定插件的类型。注意，如果插件的[NAME]字段和 type 字段相同，则 type 字段可以忽略不写。

devices：可以指定一个以逗号分隔的设备列表、一个通配符（＊）或表示否定的叹号（！）。例如，sd*代表以 sd 开头的所有设备，!sda 代表排除 sda 设备。

13.5.2　插件的应用

下面列举几个常用插件的用例，先来演示 disk 插件的用法。在刚才自定义的 /etc/tuned/my_profile 目录中新建 tuned.conf 文件。

```
[main]
description=test my_profile

[disk]
devices=sda,sdb
readahead=4096 sectors
```

完成保存并退出后，使用 tuned-adm profile my_profile 命令应用自定义的配置文件，然后使用 blockdev --getra 命令分别查看/dev/sda 和/dev/sdb 两个设备，发现它们的预读扇区都被设置成了 4096。

```
[root@instructor my_profile]# blockdev --getra /dev/sda
4096
[root@instructor my_profile]# blockdev --getra /dev/sdb
4096
```

接着演示 vm 插件的用法，vm 插件主要用于启用或禁用透明大页功能。例如，在自定义的 tuned.conf 文件中设置如下内容。

```
[vm]
transparent_hugepages=always
```

完成保存并退出后，使用 tuned-adm profile my_profile 命令应用自定义的配置文件，然后使用 cat /sys/kernel/mm/transparent_hugepage/enabled 命令查看，发现透明大页功能已经被启用。方括号中的值代表该功能正在生效。

```
[root@instructor ~]# cat /sys/kernel/mm/transparent_hugepage/enabled
[always] madvise never
```

最后演示 sysctl 插件的用法，该插件的主要功能是设置由 sysctl 命令管理的各种内核调优参数。例如，在自定义的 tuned.conf 文件中设置如下内容。

```
[sysctl]
vm.swappiness=20
```

完成保存并退出后，使用 tuned-adm profile my_profile 命令应用自定义的配置文件，然后使用 sysctl –n vm.swappiness 命令查看，发现 swappiness 的值已经被设置成 20。

```
[root@instructor ~]# sysctl -n vm.swappiness
20
```

13.6 本章小结

本章主要讲解了利用 tuned 服务进行系统调优，通过选择 tuned 服务自带的配置文件来满足不同场景下的工作负载。系统管理员还可以针对特定场景编写自定义的 tuned 配置文件。

第 14 章

系统监控工具

　　系统管理员每天要面对各种复杂的系统问题，因此必须熟练掌握各种监控和诊断工具，通过这些工具提供的"蛛丝马迹"分析、判断和解决各种系统问题，保障系统正常有序地运行。

　　本章将详细介绍几个常用的 Linux 系统监控工具，并通过示例分析各种指标的含义。Linux 系统中有多种针对不同子系统的监控工具，如针对 CPU、磁盘内存的监控工具等。也有一些工具是对系统进行全面监控的，这类工具可以作为分析系统瓶颈的首选。

14.1　vmstat

　　vmstat 命令可用于收集系统中 CPU、进程、磁盘、内存、上下文切换等的相关信息。该命令是由 procps-ng 软件包提供的。它的语法格式如下：

```
vmstat [options] [delay [count] ]
```

delay 是指两次收集信息的时间间隔，默认单位是秒。如果未指定 delay 的值，则打印自上次重启系统后的平均值。count 是指打印的次数，如果未指定 count 的值，则默认打印一次。例如，1 秒钟输出一次，总共输出 3 次。

```
[root@instructor ~]# vmstat 1 3
procs -----------memory---------- ---swap-- -----io---- -system-- ------cpu-----
 r  b   swpd   free    buff  cache   si   so    bi    bo   in   cs us sy id wa st
 0  0      0 1944296   3356 553772    0    0   125    21  108  136  2  2 96  0  0
 0  0      0 1944184   3356 553772    0    0     0     0  147  257  0  2 98  0  0
 0  0      0 1944184   3356 553772    0    0     0     0  128  209  1  1 99  0  0
```

注意：第一行的输出值都是自上次重启系统后的平均值，分析时建议忽略第一行的输出值。

表 14-1 详细列出了 vmstat 输出指标。

表 14-1 vmstat 输出指标

分 类	指 标	描 述
process	r	正在运行或排队等待运行的进程的个数
	b	处于不可中断睡眠状态的进程的个数
memory	swpd	交换空间中当前使用的内存
	free	剩余内存
	buff	用作 Buffer 的内存（用于缓存文件的元数据）
	cache	用作 Cache 的内存（用于缓存文件的实际内容）
swap	si	每秒从磁盘交换出内存页的数量
	so	每秒交换到磁盘的内存页的数量
io	bi	每秒从块设备接收的块数（如读磁盘）
	bo	每秒发送到块设备的块数（如写磁盘）
system	in	每秒的中断数
	cs	每秒的上下文切换数
CPU	us	运行非内核代码所花费的时间百分比
	sy	运行内核代码所花费的时间百分比
	id	空闲时间百分比
	wa	等待 I/O 完成的时间百分比
	st	从虚拟机窃取的 CPU 时间百分比

vmstat 命令提供了对系统整体性能的描述，如果想获得更多有价值的数据，需要使用

更具体的监测工具。

14.2 mpstat

mpstat 命令用于多处理器的信息统计，它能够收集每个 CPU 的统计信息，这些信息都是从/proc 目录中获得的。默认情况下，mpstat 命令只打印系统范围内的信息。该命令由 sysstat 软件包提供。mpstat 命令的语法格式如下：

```
mpstat [ -P {CPU|ALL} ] [internal [count] ]
```

-P 选项用于指定监控哪个或哪些 CPU，ALL 代表所有 CPU。

internal 选项代表两次采样的时间间隔。

count 选项代表采样的次数。

例如，使用 mpstat 命令对所有 CPU 进行 3 次采样，每次采样的时间间隔为 1 秒。

```
[root@instructor ~]# mpstat -P ALL 1 3
Linux 4.18.0-80.el8.x86_64 (instructor)        12/21/2020      _x86_64_        (2 CPU)

10:02:15 PM  CPU    %usr   %nice    %sys %iowait    %irq   %soft  %steal  %guest  %gnice   %idle
10:02:16 PM  all    1.00    0.00    1.00    0.00    0.00    0.50    0.00    0.00    0.00   97.51
10:02:16 PM    0    2.00    0.00    1.00    0.00    0.00    0.00    0.00    0.00    0.00   97.00
10:02:16 PM    1    0.00    0.00    0.99    0.00    0.00    0.99    0.00    0.00    0.00   98.02

10:02:16 PM  CPU    %usr   %nice    %sys %iowait    %irq   %soft  %steal  %guest  %gnice   %idle
10:02:17 PM  all    0.50    0.00    1.01    0.00    0.50    0.00    0.00    0.00    0.00   97.99
10:02:17 PM    0    1.01    0.00    1.01    0.00    1.01    0.00    0.00    0.00    0.00   96.97
10:02:17 PM    1    0.00    0.00    1.00    0.00    0.00    0.00    0.00    0.00    0.00   99.00

10:02:17 PM  CPU    %usr   %nice    %sys %iowait    %irq   %soft  %steal  %guest  %gnice   %idle
10:02:18 PM  all    0.50    0.00    1.01    0.00    0.00    0.00    0.00    0.00    0.00   98.49
10:02:18 PM    0    0.99    0.00    1.98    0.00    0.00    0.00    0.00    0.00    0.00   97.03
10:02:18 PM    1    0.00    0.00    0.00    0.00    0.00    0.00    0.00    0.00    0.00  100.00

Average:     CPU    %usr   %nice    %sys %iowait    %irq   %soft  %steal  %guest  %gnice   %idle
Average:     all    0.67    0.00    1.00    0.00    0.17    0.17    0.00    0.00    0.00   98.00
Average:       0    1.33    0.00    1.33    0.00    0.33    0.00    0.00    0.00    0.00   97.00
Average:       1    0.00    0.00    0.67    0.00    0.00    0.33    0.00    0.00    0.00   99.00
```

表 14-2 详细列出了 mpstat 输出指标。

表 14-2　mpstat 输出指标

指　标	描　述
CPU	逻辑 CPU 的 ID，ALL 表示所有 CPU
%usr	执行用户态进程所使用的 CPU 百分比
%sys	执行内核态进程所使用的 CPU 百分比
%nice	以 nice 优先级运行的进程用户态时间
%iowait	硬盘 I/O 等待时间
%irq	CPU 服务硬件中断所花费的时间百分比
%soft	CPU 服务软件中断所花费的时间百分比
%steal	虚拟机管理器服务其他虚拟处理器时虚拟 CPU 处在非自愿等待状态下花费时间的百分比
%guest	运行虚拟处理器时 CPU 花费时间的百分比
%gnice	CPU 运行一个 niced 客户机花费的时间百分比
%idle	除等待磁盘 I/O 外因其他原因而空闲的时间百分比

mpstat 命令可以显示所有 CPU 上的各种统计信息，如果想确切地知道具体是哪个进程影响了这些 CPU 的监控项，可以使用 pidstat 命令。

14.3　pidstat

pidstat 命令可用于获取进程或线程的 CPU、内存和磁盘 I/O 的使用情况，包括用户态和内核态的 CPU 使用率百分比，该命令也是由 sysstat 软件包提供的。该命令的语法格式如下：

```
pidstat [options] [ <interval> ] [ <count> ]
```

常用的选项有以下几个。

-d：打印磁盘 I/O 的信息。

-r：打印内存页的信息。

-u：默认选项，打印各个进程的 CPU 使用信息。

-w：打印进程的上下文切换信息。

-t：打印线程的上下文切换信息。

-p：指定进程号。

如果未指定任何参数，则等同于 pidstat -u -p ALL，即打印所有进程的 CPU 使用信息。

```
[root@instructor ~]# pidstat
Linux 4.18.0-80.el8.x86_64 (instructor)        12/21/2020      _x86_64_       (2 CPU)

10:59:58 PM   UID       PID    %usr %system  %guest   %wait    %CPU   CPU  Command
10:59:58 PM     0         1    0.01    0.10    0.00    0.08    0.11     1  systemd
10:59:58 PM     0         2    0.00    0.00    0.00    0.00    0.00     1  kthreadd
10:59:58 PM     0         6    0.00    0.00    0.00    0.00    0.00     0  kworker/0:0H-kblockd
10:59:58 PM     0         9    0.00    0.00    0.00    0.02    0.00     0  ksoftirqd/0
10:59:58 PM     0        10    0.00    0.02    0.00    0.12    0.02     1  rcu_sched
10:59:58 PM     0        11    0.00    0.00    0.00    0.01    0.00     0  migration/0
10:59:58 PM     0        15    0.00    0.00    0.00    0.00    0.00     1  watchdog/1
10:59:58 PM     0        16    0.00    0.00    0.00    0.00    0.00     1  migration/1
10:59:58 PM     0        17    0.00    0.00    0.00    0.02    0.00     1  ksoftirqd/1
10:59:58 PM     0        21    0.00    0.00    0.00    0.00    0.00     0  kdevtmpfs
10:59:58 PM     0        26    0.00    0.00    0.00    0.00    0.00     1  khungtaskd
10:59:58 PM     0        31    0.00    0.03    0.00    0.04    0.03     1  khugepaged
10:59:58 PM     0       429    0.00    0.00    0.00    0.00    0.00     0  scsi_eh_0
10:59:58 PM     0       431    0.00    0.00    0.00    0.00    0.00     1  scsi_eh_1
```

14.4　iostat

iostat 命令用于监控磁盘的活动信息，一般用于解决磁盘 I/O 问题，但它不能对某个具体的进程进行分析，因此可以借助 pidstat 命令分析具体进程对磁盘 I/O 的影响。iostat 命令由 sysstat 软件包提供。它的语法格式如下：

```
iostat [options] [ <interval>] [ <count> ]
```

常用的选项有以下几个。

-c：打印 CPU 使用情况。

-d：打印磁盘使用情况。

-z：忽略没有活动的设备。

-x：输出扩展信息。

-k：以 KB 为单位显示输出。

-m：以 MB 为单位显示输出。

如果未指定任何选项或参数，则会打印自系统启动以来带有-c 和-d 选项的汇总信息。

```
[root@instructor ~]# iostat
Linux 4.18.0-80.el8.x86_64 (instructor)        12/22/2020        _x86_64_        (2 CPU)

avg-cpu:  %user   %nice %system %iowait  %steal   %idle
           0.52    0.02    0.66    0.00    0.00   98.80

Device            tps    kB_read/s    kB_wrtn/s    kB_read    kB_wrtn
sdb              0.02         1.16         0.00      26611          0
sda              0.86        22.40         3.86     514119      88638
sdc              0.02         0.27         0.18       6196       4141
sdd              0.00         0.14         0.00       3292          0
```

在上面的输出中，第一行是 iostat 命令打印出来的系统总体信息，包括内核版本、当前日期、系统架构和 CPU 数量。

avg-cpu 这一行显示的是多核 CPU 中各指标的平均值。

Device：设备名称。

tps：每秒的 IOPS 数量（每秒的读和写总数量）。

kB_read/s：每秒从设备读取的 KB 数。

kB_wrtn/s：每秒向设备写入的 KB 数。

kB_read：总共读取的 KB 数。

kB_wrtn：总共写入的 KB 数。

如果想获取更加详细的信息，可以使用-x 选项。该选项能够显示吞吐量、队列长度、磁盘相应时间等额外信息。

```
[root@instructor ~]# iostat -xd
Linux 4.18.0-80.el8.x86_64 (instructor)        12/22/2020        _x86_64_        (2 CPU)

Device      r/s    w/s    rkB/s    wkB/s   rrqm/s   wrqm/s  %rrqm  %wrqm  r_await  w_await  aqu-sz  rareq-sz  wareq-sz  svctm  %util
sdb        0.02   0.00     1.11     0.00     0.00     0.00   0.00   0.00     0.57     0.00    0.00     52.80      0.00   0.57   0.00
sda        0.65   0.18    21.41     3.71     0.00     0.02   0.09   9.36     0.79     1.06    0.00     32.94     20.68   0.97   0.08
sdc        0.02   0.00     0.26     0.17     0.00     0.00   0.00   0.00     0.61     1.35    0.00     16.14    207.05   0.71   0.00
sdd        0.00   0.00     0.14     0.00     0.00     0.00   0.00   0.00     0.37     0.00    0.00     36.18      0.00   0.81   0.00
```

表 14-3 列出了 iostat 输出指标。

表 14-3　iostat 输出指标

指　标	描　述
r/s	每秒读请求数
w/s	每秒写请求数
rrqm/s	每秒合并的读请求数
wrqm/s	每秒合并的写请求数
r_await	发送给设备的读请求的平均时间（单位为 ms）
w_await	发送给设备的写请求的平均时间（单位为 ms）
aqu-sz	平均队列长度，在以前的版本中该指标名称为 avgqu-sz
rareq-sz	向设备发送的读请求的平均大小（单位为 KB）
wareq-sz	向设备发送的写请求的平均大小（单位为 KB）
svctm	该指标在未来的版本中将被删除
%util	设备处理 I/O 请求的时间百分比。对于连续服务请求的设备，当该值接近 100%时，则代表设备即将饱和；对于并行服务请求的设备，该值则不一定代表设备已经达到瓶颈

14.5　sar

　　sar 命令是一款功能非常全面的监控工具，它可以从多方面对系统的活动进行报告，包括对 CPU、内存、磁盘 I/O、网络等几个子系统进行监控。同时，它可以将监控到的数据进行保存，读取历史数据，对某一时刻出现的性能问题做评估和分析。sar 命令也是由 sysstat 软件包提供的，它的语法格式如下：

```
sar [options] [<interval>] [<count>]
```

常用的选项有以下几个。

-o：将报告的数据保存到文件中。

-P：指定具体 CPU 的 ID，或者使用 ALL 关键字指定所有 CPU。

-u：报告 CPU 的使用情况。

-d：报告每一个块设备的使用情况，一般结合-p 选项打印块设备名称。

-r：报告内存和交换空间的使用情况。

-q：报告运行队列长度和平均负载的情况。

-f：从某个保存的 sar 文件中读取记录信息。

下面使用 sar 命令分别对各个子系统进行性能分析。

（1）示例 1：使用 sar -u 命令（或直接输入 sar）。

```
[root@instructor ~]# sar -u
Linux 4.18.0-80.el8.x86_64 (instructor)       12/22/2020      _x86_64_      (2 CPU)

12:00:12 AM      CPU     %user     %nice     %system     %iowait     %steal     %idle
12:10:12 AM      all      0.34      0.11       0.39        0.00       0.00      99.16
12:20:12 AM      all      0.22      0.00       0.26        0.00       0.00      99.53
12:30:12 AM      all      0.23      0.00       0.37        0.00       0.00      99.40
12:40:12 AM      all      0.29      0.00       0.56        0.00       0.00      99.14
12:50:12 AM      all      0.25      0.00       0.38        0.00       0.00      99.37
```

上面显示的是对整体 CPU 的性能报告，细心的读者可能会发现，第一列显示的是时间，并且时间间隔都是 10 分钟。这是因为当打开/etc/cron.d/sysstat 文件时，会发现如下内容。

```
# Run system activity accounting tool every 10 minutes
*/10 * * * * root /usr/lib64/sa/sa1 1 1
# Generate a daily summary of process accounting at 23:53
53 23 * * * root /usr/lib64/sa/sa2 -A
```

上述内容显示存在两个脚本/usr/lib64/sa/sa1 和/usr/lib64/sa/sa2。sa1 脚本会每隔 10 分钟运行一次去收集数据，而 sa2 脚本会向/var/log/sa/saDD 或/var/log/sa/saYYYYYMMDD 写入文件以便保存记录，其中 DD 代表日期，MM 代表月份，YYYYY 代表年份。这就是为什么使用 sar 命令时，报告中默认的时间间隔为 10 分钟。

（2）示例 2：使用 sar -P ALL 命令报告每个 CPU 的使用情况。

```
[root@instructor ~]# sar -P ALL
Linux 4.18.0-80.el8.x86_64 (instructor)       12/22/2020      _x86_64_      (2 CPU)

12:00:12 AM      CPU     %user     %nice     %system     %iowait     %steal     %idle
12:10:12 AM      all      0.34      0.11       0.39        0.00       0.00      99.16
12:10:12 AM       0       0.55      0.07       0.32        0.00       0.00      99.06
12:10:12 AM       1       0.12      0.15       0.46        0.00       0.00      99.27

12:10:12 AM      CPU     %user     %nice     %system     %iowait     %steal     %idle
12:20:12 AM      all      0.22      0.00       0.26        0.00       0.00      99.53
12:20:12 AM       0       0.13      0.00       0.20        0.00       0.00      99.68
12:20:12 AM       1       0.31      0.00       0.31        0.00       0.00      99.38
```

上面被方框框住的地方就是具体 CPU 的 ID，如果想查看某个 CPU 的具体情况，可以将-P ALL 中的 ALL 替换成该 CPU 的 ID。

该命令的输出和 mpstat 命令类似，这里不再赘述。

（3）示例 3：使用 sar –p -d 命令查看磁盘 I/O 的使用情况。

```
[root@instructor ~]# sar -p -d
Linux 4.18.0-80.el8.x86_64 (instructor)      12/22/2020      _x86_64_      (2 CPU)

12:00:12 AM     DEV       tps     rkB/s     wkB/s   areq-sz    aqu-sz     await     svctm    %util
12:10:12 AM     sdb      0.00      0.00      0.00      0.00      0.00      0.00      0.00     0.00
12:10:12 AM     sda      0.32      2.39      2.61     15.87      0.00      1.10      0.57     0.02
12:10:12 AM     sdc      0.00      0.00      0.00      0.00      0.00      0.00      0.00     0.00
12:10:12 AM     sdd      0.00      0.00      0.00      0.00      0.00      0.00      0.00     0.00
```

上述指标和 iostat 命令的指标含义相同，这里不再赘述。

（4）示例 4：使用 sar -n DEV 命令查看网络接口的使用情况。

```
[root@instructor ~]# sar -n DEV 1 2
Linux 4.18.0-80.el8.x86_64 (instructor)      12/22/2020      _x86_64_      (2 CPU)

11:22:39 PM     IFACE    rxpck/s   txpck/s    rxkB/s    txkB/s   rxcmp/s   txcmp/s  rxmcst/s  %ifutil
11:22:40 PM virbr0-nic     0.00      0.00      0.00      0.00      0.00      0.00      0.00     0.00
11:22:40 PM        lo      0.00      0.00      0.00      0.00      0.00      0.00      0.00     0.00
11:22:40 PM      ens33     0.00      0.00      0.00      0.00      0.00      0.00      0.00     0.00
11:22:40 PM     virbr0     0.00      0.00      0.00      0.00      0.00      0.00      0.00     0.00

11:22:40 PM     IFACE    rxpck/s   txpck/s    rxkB/s    txkB/s   rxcmp/s   txcmp/s  rxmcst/s  %ifutil
11:22:41 PM virbr0-nic     0.00      0.00      0.00      0.00      0.00      0.00      0.00     0.00
11:22:41 PM        lo      0.00      0.00      0.00      0.00      0.00      0.00      0.00     0.00
11:22:41 PM      ens33     0.00      0.00      0.00      0.00      0.00      0.00      0.00     0.00
11:22:41 PM     virbr0     0.00      0.00      0.00      0.00      0.00      0.00      0.00     0.00

Average:        IFACE    rxpck/s   txpck/s    rxkB/s    txkB/s   rxcmp/s   txcmp/s  rxmcst/s  %ifutil
Average:    virbr0-nic     0.00      0.00      0.00      0.00      0.00      0.00      0.00     0.00
Average:           lo      0.00      0.00      0.00      0.00      0.00      0.00      0.00     0.00
Average:         ens33     0.00      0.00      0.00      0.00      0.00      0.00      0.00     0.00
Average:        virbr0     0.00      0.00      0.00      0.00      0.00      0.00      0.00     0.00
```

上述报告中的关键列描述如下。

IFACE：网络接口的名称。

rxpck/s：每秒接收的数据包数量。

txpck/s：每秒传输的数据包数量。

rxkB/s：每秒接收的 KB 数。

txkB/s：每秒传输的 KB 数。

rxcmp/s：每秒接收的压缩包数量。

txcmp/s：每秒传输的压缩包数量。

rxmcst/s：每秒接收的多播数据包数量。

%ifutil：网络接口使用率。

（5）示例 5：使用 sar -q 命令查看运行队列的长度和平均负载。

```
[root@instructor ~]# sar -q
Linux 4.18.0-80.el8.x86_64 (instructor)        12/23/2020      _x86_64_        (2 CPU)

12:00:06 AM   runq-sz  plist-sz   ldavg-1   ldavg-5  ldavg-15   blocked
12:10:06 AM         0       671      3.65      2.62      1.21         0
12:20:06 AM         0       666      0.01      0.38      0.64         0
12:30:06 AM         0       667      0.00      0.05      0.32         0
12:40:06 AM         0       668      0.00      0.00      0.15         0
12:50:06 AM         0       666      0.00      0.00      0.07         0
01:00:06 AM         0       667      0.00      0.00      0.01         0
01:10:06 AM         0       668      0.00      0.00      0.00         0
01:20:06 AM         0       666      0.32      0.07      0.02         0
01:30:06 AM         0       667      0.00      0.00      0.00         0
01:40:06 AM         0       668      0.00      0.01      0.00         0
Average:            0       667      0.40      0.31      0.24         0
```

上述报告中的关键列描述如下。

runq-sz：运行队列长度。

plist-sz：任务列表中的任务数量。

ldavg-1：1 分钟的系统平均负载。

ldavg-5：5 分钟的系统平均负载。

ldavg-15：15 分钟的系统平均负载。

blocked：当前阻塞，等待 I/O 完成的任务数量。

14.6　系统压力测试

前面几节介绍了一些常用的 Linux 系统监控工具，但对于初学者而言，遇到性能问题时往往不知道该如何下手，更不知道应该使用哪些工具去获取有价值的指标信息，因此这一节将利用之前章节中使用过的 stress-ng 工具对系统做压力测试，同时结合各种系统监控工具对指标进行分析。

stress-ng 是 stress 的增强版，它是一款系统压力测试工具，可以对包括 CPU、内存、网络、磁盘 I/O 等在内的各种子系统进行测试。stress-ng 常用的选项有以下几个。

-c --CPU N：表示开启 N 个进程。

-t --timeout：指定测试时长，超时后自动退出测试。

-i --io N：表示开启 N 个调用 sync() 的进程来模拟 I/O。

-d --hdd N：表示开启 N 个写入、读取和删除文件的进程来测试磁盘。

--hdd-bytes N：表示为每个 hdd 进程写入 N 字节，默认为 1GB。

-m --vm N：表示启动 N 个 workers 连续调用 mmap(2)/munmap(2) 并写入分配的内存。

（1）示例 1：多进程抢 CPU。测试机的 CPU 核心数为 2，使用 stress-ng 工具对 CPU 施加压力。

```
[root@instructor ~]# stress-ng  -c 4 -t 100
```

输入上述命令并回车后，使用 vmstat 命令查看系统整体情况，发现 r 列的值一直为 4，这说明队列中有 4 个任务一直在占用 CPU 资源。

```
[root@instructor ~]# vmstat  1
procs -----------memory---------- ---swap-- -----io---- -system-- ------cpu-----
 r  b   swpd   free   buff  cache   si   so    bi    bo   in   cs us sy id wa st
 7  0 144640 2424708     4 183560    1   30   102  8207  349  265 19  6 75  0  0
 4  0 144640 2424624     4 183560    0    0     0     0 2041  471 100  1  0  0  0
 4  0 144640 2424624     4 183560    0    0     0     0 2040  458 99   1  0  0  0
 4  0 144640 2424624     4 183560    0    0     0    41 2047  464 100  1  0  0  0
 4  0 144640 2424624     4 183560    0    0     0     0 2040  479 99   1  0  0  0
```

然后使用 mpstat 命令查看 CPU 的使用情况，发现 %usr 指标很高，说明 CPU 在用户态消耗了大量资源，表明本例属于 CPU 密集型任务。

```
[root@instructor ~]# mpstat  1
Linux 4.18.0-80.el8.x86_64 (instructor)        01/12/2021        _x86_64_        (2 CPU)

04:11:38 AM  CPU    %usr   %nice   %sys %iowait    %irq   %soft  %steal  %guest  %gnice   %idle
04:11:39 AM  all   98.51    0.00   0.99    0.00    0.50    0.00    0.00    0.00    0.00    0.00
04:11:40 AM  all   99.00    0.00   0.00    0.00    0.50    0.50    0.00    0.00    0.00    0.00
04:11:41 AM  all  100.00    0.00   0.00    0.00    0.00    0.00    0.00    0.00    0.00    0.00
04:11:42 AM  all   99.00    0.00   0.00    0.00    1.00    0.00    0.00    0.00    0.00    0.00
```

如果想知道是哪个进程占用了大量的 CPU 资源，可以使用 pidstat 命令查看。通过观察，发现本例中是 stress-ng 进程占用了大量的 CPU 资源。

```
[root@instructor ~]# pidstat  1
Linux 4.18.0-80.el8.x86_64 (instructor)        01/12/2021        _x86_64_        (2 CPU)

04:17:53 AM   UID       PID    %usr %system  %guest   %wait    %CPU   CPU  Command
04:17:54 AM     0      2428    0.00    0.95    0.00    0.95    0.95     1  pulseaudio
04:17:54 AM     0     11622   46.67    1.90    0.00   50.48   48.57     0  stress-ng-cpu
04:17:54 AM     0     11623   47.62    0.00    0.00   50.48   47.62     1  stress-ng-cpu
04:17:54 AM     0     11624   47.62    0.00    0.00   50.48   47.62     1  stress-ng-cpu
04:17:54 AM     0     11625   46.67    1.90    0.00   50.48   48.57     0  stress-ng-cpu
```

（2）示例2：对内存进行压力测试。测试机配有 4GB 内存，在施加压力之前使用 free 命令查看当前内存和 Swap 的使用情况。

```
[root@instructor ~]# free -h
              total        used        free      shared  buff/cache   available
Mem:          3.7Gi       1.3Gi       1.9Gi        15Mi       501Mi       2.2Gi
Swap:         2.0Gi          0B       2.0Gi
```

可以观察到，当前内存为 3.7GB（有一些被显卡占用），已经使用了 1.3GB。接下来，使用 stress-ng 工具进行如下操作。

```
[root@instructor ~]# stress-ng  --vm 1 --vm-bytes 1G  -t 600
```

上述命令开启了一个分配 1GB 内存的进程，回车后使用 free 命令再次查看内存使用情况。

```
[root@instructor ~]# free  -h
              total        used        free      shared  buff/cache   available
Mem:          3.7Gi       2.3Gi       936Mi        19Mi       511Mi       1.2Gi
Swap:         2.0Gi          0B       2.0Gi
```

可以观察到，已使用的内存变成了 2.3GB（原来为 1.3GB），这说明 1GB 内存被分配成功，但 Swap 分区依旧未使用。

接下来开启一个分配 4GB 内存的进程，Swap 分区就会被用起来。

```
[root@instructor ~]# stress-ng  --vm 1 --vm-bytes 4G  -t 600
```

测试机的物理内存为 3.7GB，而现在需要分配 4GB 内存，这时显然会使用 Swap 分区。

```
[root@instructor ~]# free -h
              total        used        free      shared  buff/cache   available
Mem:          3.7Gi       3.5Gi        95Mi       6.0Mi        77Mi        13Mi
Swap:         2.0Gi       1.5Gi       537Mi
```

（3）示例3：I/O 压力测试。使用 stress-ng 工具进行 I/O 压力测试。

```
[root@instructor ~]# stress-ng  -d 5 --hdd-bytes 1G -t 600
```

本例中开启了 5 个写入文件的进程，每个进程写入 1GB 数据文件。回车后，使用 vmstat 命令观察到 b 列的值开始增大，说明产生了不可中断睡眠状态的进程；bo 列的值也在增大，说明有写操作。

```
procs -----------memory---------- ---swap-- -----io---- -system-- ------cpu-----
 r  b   swpd   free   buff  cache   si   so    bi    bo   in   cs us sy id wa st
 6  2      0 1240124   2312 1267268    0    0   276 105452  725  446  4 41 48  8  0
 3  3      0 1404064   2312 1102900    0    0     0 319492 2194 1081  5 85  0 10  0
 2  5      0 1300824   2312 1206876    0    0     0 413772 2398  959  2 83  0 14  0
 3  4      0 1293872   2312 1213840    0    0     0 372672 2203 1233  5 80  0 15  0
 3  3      0 1460564   2312 1047284    0    0     0 372908 2102  977  2 74  9 15  0
 4  4      0 1455320   2312 1052636    0    0     0 393232 2007  969  2 74  0 24  0
```

同时，结合 mpstat 命令观察到 CPU 的 %sys（CPU 内核态使用率）指标非常高，而 %iowait 指标也有所升高，这说明发生了 I/O 操作。

```
05:31:16 PM  CPU    %usr   %nice    %sys %iowait    %irq   %soft  %steal  %guest  %gnice   %idle
05:31:17 PM  all    2.38    0.00   66.67   22.62    5.95    1.79    0.00    0.00    0.00    0.60
05:31:18 PM  all    4.00    0.00   81.14    7.43    5.71    1.71    0.00    0.00    0.00    0.00
05:31:19 PM  all    1.83    0.00   58.54   27.44   11.59    0.61    0.00    0.00    0.00    0.00
05:31:20 PM  all    3.51    0.00   79.53    8.19    7.02    1.75    0.00    0.00    0.00    0.00
05:31:21 PM  all    1.74    0.00   59.88   31.98    5.23    1.16    0.00    0.00    0.00    0.00
05:31:22 PM  all    3.53    0.00   74.71   15.88    4.71    1.18    0.00    0.00    0.00    0.00
```

以上三个示例能帮助读者理解性能指标。当然，这只涉及几个简单的问题，实际生产环境中涉及的系统问题会更加复杂，可能需要结合更多工具来发现问题。这需要读者平时多练习多观察，从中找出规律，及时发现性能问题。

14.7　本章小结

本章介绍了系统管理员常用的几款系统监控工具，并借助 stress-ng 工具对系统进行了压力测试。性能分析要求管理员长期积累工作经验，对系统的各种指标进行细致的分析，挖掘出系统中潜在的危险，做到防患于未然。

第 15 章

CPU 与进程调度

CPU 是计算机最重要的一个部件，管理员必须对其有一定的了解。CPU 是中央处理器的英文简称，它是信息处理和程序运算的最终执行单元，是整个计算机系统的"大脑"。Linux 系统中也对 CPU 进行了大量调优，其目的是更有效地管理和利用 CPU 资源，提高 CPU 的使用效率。本章将向读者详细介绍 CPU 和进程调度的相关内容。

15.1 多任务与进程调度器

现在的操作系统多为多任务操作系统。所谓多任务，就是在同一时间多个程序可以并发地交互执行多个进程。不难看出，多任务可以提升性能。在单处理器时代，通常采用"时间分片"的方法。也就是说多个进程被分配一定的运行时间片，而 CPU 快速地在这些进程之间切换运行，从而产生了多个进程同时运行的假象。在多处理器时代，可以真正实现多个进程在多个处理器上同时并发执行。

尽管在多处理器上实现多任务提高了执行效率，但待运行的进程数量一定会大于处理器的数量。在这种情况下，处理器如何选择下一个待运行的进程成为内核必须解决的问题。

内核使用进程调度器来确定下一个该运行的进程。红帽操作系统采用 5 种调度策略，这 5 种调度策略被划分为两个调度类——实时调度类和非实时调度类。需要说明的是，在 RHEL8 系统中新增了一个最后期限调度策略。

调度策略见表 15-1。

表 15-1 调度策略

调 度 类	调 度 策 略
实时调度类	SCHED_FIFO
	SCHED_RR
非实时调度类	SCHED_NORMAL（也称 SCHED_OTHER）
	SCHED_BATCH
	SCHED_IDLE
最后期限调度类	SCHED_DEADLINE

1. 实时调度策略

SCHED_FIFO：该策略采用不带有时间片的先进先出调度算法。采用该策略的进程是没有时间限制的，同时拥有最高优先级，因此采用该策略的进程会一直使用 CPU 资源，直到被 I/O 阻塞或主动退出。

SCHED_RR：该策略采用轮询的算法，与 FIFO 类似，不同的是它带有时间片。因此，采用该策略的进程会轮询执行，直到消耗完时间。

2. 非实时调度策略

SCHED_NORMAL：该策略是 Linux 系统中大多数进程默认采用的调度策略。

SCHED_BATCH：该策略适合在批处理任务，不需要人机交互的情境下使用。

SCHED_IDLE：该策略拥有最低优先级，只有系统空闲时才会运行该策略下的进程。

3. 最后期限调度策略

SCHED_DEADLINE：这是 RHEL8 中新增的调度策略，针对突发型计算，适用于对延迟和完成时间高度敏感的任务。

15.2 更改调度策略

管理员使用 chrt 命令可以查看和修改调度策略和优先级。下面是 chrt 命令的使用帮助信息。

```
[root@instructor ~]# chrt  --help
Show or change the real-time scheduling attributes of a process.

Set policy:
 chrt [options] <priority> <command> [<arg>...]
 chrt [options] --pid <priority> <pid>

Get policy:
 chrt [options] -p <pid>

Policy options:
 -b, --batch        set policy to SCHED_BATCH
 -d, --deadline     set policy to SCHED_DEADLINE
 -f, --fifo         set policy to SCHED_FIFO
 -i, --idle         set policy to SCHED_IDLE
 -o, --other        set policy to SCHED_OTHER
 -r, --rr           set policy to SCHED_RR (default)

Scheduling options:
 -R, --reset-on-fork     set SCHED_RESET_ON_FORK for FIFO or RR
 -T, --sched-runtime <ns>   runtime parameter for DEADLINE
 -P, --sched-period <ns>    period parameter for DEADLINE
 -D, --sched-deadline <ns> deadline parameter for DEADLINE

Other options:
 -a, --all-tasks       operate on all the tasks (threads) for a given pid
 -m, --max             show min and max valid priorities
 -p, --pid             operate on existing given pid
 -v, --verbose         display status information

 -h, --help            display this help
 -V, --version         display version
```

常用的选项为-p，用于指定具体的 PID。例如，可以查看某个进程的调度策略和优先级。

```
[root@instructor ~]# chrt  -p  1274
pid 1274's current scheduling policy: SCHED_OTHER
pid 1274's current scheduling priority: 0
```

使用 chrt 命令设置调度策略的选项有以下几个。

-b：设置为 SCHED_BATCH 调度策略。

-f：设置为 SCHED_FIFO 调度策略。

-i：设置为 SCHED_IDLE 调度策略。

-o：设置为 SCHED_NORMAL（SCHED_OTHER）调度策略。

-r：设置为 SCHED_RR 调度策略。

-d：设置为 SCHED_DEADLINE 调度策略。

在下面的示例中把 PID 为 1274 的进程设置为 SCHED_FIFO 调度策略，优先级为 10。

```
[root@instructor ~]# chrt  -p -f 10 1274
[root@instructor ~]# chrt  -p  1274
pid 1274's current scheduling policy: SCHED_FIFO
pid 1274's current scheduling priority: 10
```

15.3 CFS

Linux 内核在不同时期采用过多种进程调度程序。例如，在 2.5 版本的内核中，采用了一种名为 O(1) 的调度程序。但该调度程序对响应时间敏感的程序表现不足，因此在 2.6.23 版本的内核中使用完全公平调度（CFS）替代了 O(1)。在 RHEL8 中依然使用这种调度程序。

CFS 不使用时间片的概念，而是计算每个进程的虚拟运行时间（vruntime）。CFS 采用红黑树来管理可运行的进程。CFS 调度算法的核心就是选择 vruntime 值最小的进程作为下一个执行的进程，它对应的就是红黑树中最左侧的叶子节点，如图 15-1 所示。

vruntime 值受到权重值的影响，而 nice 值又会影响权重值的大小。优先级高（nice 值小），则权重值大，从而使 vruntime 值增长得慢。这样一来，进程就会更多地占用 CPU 时间。反之，如果权重值小，则 vruntime 值增长得快，从而使进程占用 CPU 的时间少。因此，当某个进程得以运行时，vruntime 值便会增大，而 vruntime 值较小的进程就会在下次被 CPU 所执行。

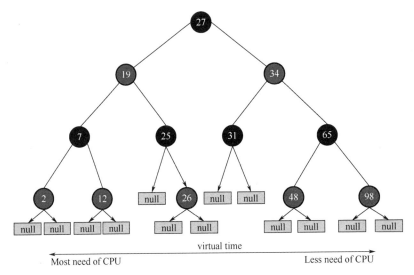

图 15-1 红黑树

15.4 针对 CFS 的调优

针对 CFS 有一些可调节的内核参数，通常位于/proc/sys/kernel 目录下。

sched_latency_ns：定义目标抢占延迟，以纳秒为单位。增加该值可以让进程获得更多的 CPU 绑定时间。目标延迟是运行队列中所有进程执行一次的时间（周期）。

sched_min_granularity_ns：定义一个进程被另一个进程抢占之前运行的最短时间，以纳秒为单位。该值若设置得小，则会提高响应速度。

ched_migration_cost_ns：定义进程的"热度"，增加该值能使进程尽量不被迁移到其他CPU。

15.5　CPU 缓存

CPU 是计算机系统的"大脑"，负责执行程序命令，而内存是负责把数据从慢速磁盘中载入并等待 CPU 去执行的临时区域。CPU 的速度要远远超过内存（内存又要比磁盘快很多），因此 CPU 需要花费大量时间等待数据的到来。为了解决 CPU 运算速度和内存读写速度的不匹配，在它们间引入了缓存。缓存会将最近一段时间经常读写的数据暂存，如果 CPU 再次处理相同的数据，会先从缓存中寻找，如果可以找到，就无须再从内存或更慢的磁盘中加载数据。

一般系统都有 2 ~ 3 级缓存。其中，一级（L1）缓存速度最快，但由于造价十分昂贵，因此容量极小（如 32KB）。一级缓存又分为数据缓存和命令缓存。二级（L2）缓存速度要略慢一些，但容量比一级缓存稍大（如 256KB）。三级（L3）缓存速度最慢，但容量比一级缓存和二级缓存大（如 3MB、6MB 等）。想获得当前系统的缓存信息，可以使用 lscpu 命令查询。

```
L1d cache:          32K
L1i cache:          32K
L2 cache:           256K
L3 cache:           8192K
```

为了简化和内存之间的数据通信，CPU 高速缓存被组织成缓存线（Cache Line），缓存线固定大小为 64B。每个缓存线都可以缓存内存中的特定位置。

1. 缓存的工作原理

现在的系统多属于多处理器系统，每个核都有缓存，并且每个缓存都有控制器。当CPU 加载数据或程序命令时,控制器首先检查缓存中是否已经存在,如果缓存中已经存在,则称为缓存命中（Cache Hit），这样就不需要从内存中加载数据或程序命令，从而提高了访问速度。反之，如果缓存中没有需要的数据或程序命令，则称为缓存失效（Cache Miss）。这时就需要从内存中加载，然后在各级缓存中进行缓存，这个过程称为缓存填充（Cache Fill）。如图 15-2 所示为缓存失效和缓存填充。

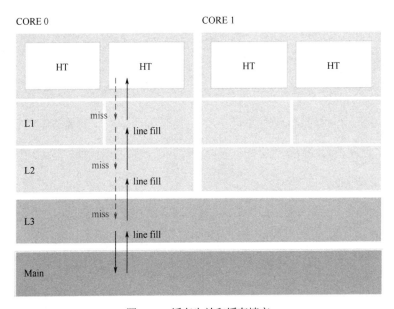

图 15-2　缓存失效和缓存填充

2．缓存关联

上一节中提到缓存被组织成固定大小为 64B 的缓存线，这是为了方便缓存内存中的数据。例如，L1 缓存有 32KB，换算成缓存线就是 512 个（32KB/64B）。把内存中的数据放入缓存线，这个过程就是缓存关联（Cache Associativity）。但缓存线的大小远小于内存的大小，如何合理地关联它们呢？主要有以下三种方式。

（1）直接关联：这种方式是把缓存线直接映射到内存中的特定位置。这种方式搜索最快，造价也最便宜，但其缺点是缓存命中率较低。

（2）全关联：这种方式是把缓存线映射到内存中的任意位置，其搜索时间非常长，造价也最昂贵，优点就是缓存命中率非常高。

（3）组关联：这种方式提供了直接关联与全关联的折中方案。这种方式也称 n 路关联，n 是 2 的幂次方。组关联允许一个内存位置缓存到 n 行缓存中的任何一行。这种方式被大多数系统所采纳。

3．更新缓存到内存

当缓存中的数据被修改时，为了保持缓存与主存中的数据一致性，必须将缓存中已经修改的数据更新到内存中。一般采用两种更新方式：透写（Write-through）和回写（Write-back）。

（1）透写：如果使用这种方式更新，当某个缓存线中的数据被修改时，会直接向内存中写入更新的数据，以保持数据的一致性。这种方式的缺点非常明显，由于要不断访问内存，因此速度比较慢。缓存透写如图 15-3 所示。

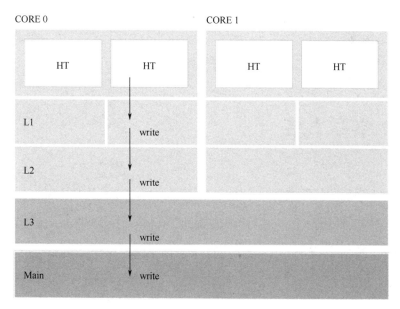

图 15-3　缓存透写

（2）回写：如果使用这种方式更新，当某个缓存线中的数据被修改时，不会立即写入内存，由于不会频繁访问内存，因此缓存的效率会更高，但缺点是一旦系统断电，没有及时写回内存的数据将会丢失。缓存回写如图 15-4 所示。

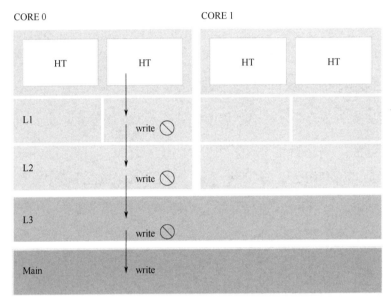

图 15-4 缓存回写

15.6 本章小结

本章介绍了几种进程调度策略。从 2.6.23 版本开始，Linux 内核中引入了 CFS 并沿用至今。CFS 采用红黑树结构，它是一种自平衡的二叉树结构，能够更好地调度进程。本章还介绍了 CPU 缓存的重要性，以及缓存的三种管理方式。

第 16 章

内 存 优 化

内存也称主存，是计算机系统中重要的组成部分，它是 CPU 暂时存储数据的地方（易失性），具有存取速度快的特点。

内存管理是 Linux 内核重要的工作之一，高效的内存管理对系统性能起着重要的作用。本章主要介绍一些与内存相关的重要内容，如虚拟内存、内存回收、OOM Killer 等。

16.1　虚拟内存与物理内存

内核通常会把内存组织成固定大小的页（通常为 4KB 或 8KB），因此页是内存管理的基本单元。当进程访问内存时，内核不会直接分配物理内存地址给进程，而是分配虚拟内存地址。每个进程都管理着自己的虚拟内存地址空间，因此虚拟内存也给进程提供了一种假象，让每个进程都以为自己独享"无限大"的内存。

当进程访问内存时，访问的是虚拟内存，因此需要把虚拟内存地址映射到物理内存地址中，这样才能访问实际存放数据的物理内存位置，这个工作由内存管理单元（MMU）完成。但物理内存毕竟有限，当多个进程都申请内存时，内核并不会立即分配物理内存给它们，只有当进程真的使用内存时，内核才会分配物理内存。

每个进程都有自己的虚拟内存地址空间，因此每个进程都维护着一张虚拟内存到物理内存的映射表——页表。它的工作原理是当进程访问某个虚拟内存地址时，通过查询页表中的条目，把虚拟内存地址映射到物理内存地址中。为了让读者掌握其中的原理，下面结合图 16-1 讲解虚拟内存到物理内存的映射。

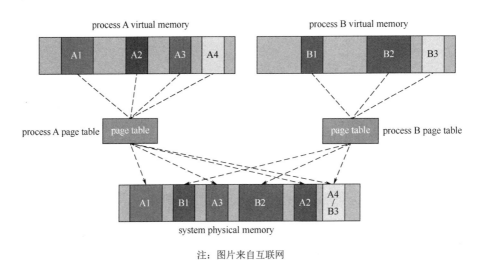

注：图片来自互联网

图 16-1　虚拟内存到物理内存的映射

图 16-1 中有两个进程：进程 A 和进程 B。它们都有自己的页表（Page Table），都通过查询页表中的映射条目来对应物理内存地址，从而得到想要访问的实际数据。图 16-1 中每个进程的虚拟内存中带有颜色的部分对应物理内存中带有颜色的部分，这说明映射成功，而灰色部分表示没有映射到物理内存地址空间中。

16.2　内存缺页与TLB

图 16-1 中的灰色部分代表未映射成功,那么为什么会有这种情况发生呢? 内核提供的是虚拟内存地址空间,它的范围不是随着物理内存大小而定的,而是根据系统架构定义的。在 64 位系统架构中,虚拟内存地址空间可以是 16EB,这要比真实的物理内存大得多,因此不可能做到将所有虚拟内存地址都映射到物理内存地址。如果进程想访问的虚拟内存地址未能成功映射到物理内存地址,内核就会进行缺页(Page Fault)处理。缺页分为两种情况:一种是进程希望访问的内存页存在于物理内存地址中,但不在虚拟内存地址中,这种缺页称为 Minor Page Fault,只需要在页表中为虚拟内存地址和物理内存地址做好映射条目即可;另一种是进程希望访问的内存页不在虚拟内存地址中,也不在物理内存地址中,需要先从慢速设备(如磁盘)载入,然后在页面中添加映射条目,由于需要访问慢速设备,因此代价比较高,这种缺页称为 Major Page Fault。

进程每次都需要通过查询页表的方式找出虚拟内存地址到物理内存地址的映射,这种方式的效率并不高,因此引入了 TLB 缓存机制,TLB 是 CPU 中的一个空间极小但速度极快的缓存区域,这个区域缓存了上次进行地址映射的结果。因此,当有同样的虚拟内存地址需要进行映射时,可以直接从 TLB 得到结果,而无须再次查询页表。

至此,可以把 TLB 查询、页表查询和缺页处理结合起来描述虚拟内存地址映射过程,如图 16-2 所示。

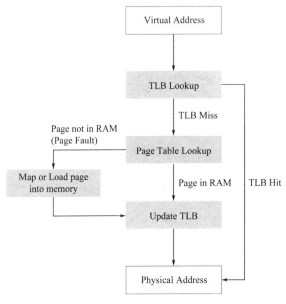

图 16-2　虚拟内存地址映射过程

当一个进程访问某个虚拟内存地址时，内核会先做 TLB 查询，如果 TLB 中有该映射结果，则直接把虚拟内存地址映射到物理内存地址，这个过程称为 TLB Hit。

反之，如果未在 TLB 中查询到结果，则称为 TLB Miss。这时会进行页表查询。同样，如果在页表中查询到相应的结果，则映射成功。

反之，如果相应的页不在内存中（如被交换到磁盘中），则查询失败，接着内核会产生 Page Fault，进行缺页处理，然后更新页表条目。

更新完页表条目后，就完成本次虚拟内存地址到物理内存地址的映射。

16.3　内存回收

相对于进程而言，内存是有限的。如何在有限的内存资源中运行更多的进程，或者说当内存资源紧张时如何进行内存回收，也是内存管理中的一项重要工作。

内存回收可采取两种不同的方式：一种是将进程的匿名页交换到 Swap 空间中，另一种是把页缓存（Page Cache）中已经修改的数据写回磁盘并释放空间。

1. 缓存机制

页缓存和 CPU 中的缓存都是为了加快访问速度。页缓存是由内存中的页组成的，它缓存的内容是从慢速设备 （磁盘）而来的。某个进程发起读操作时，会先查询缓存中是否有相应的内容，如果有且缓存未过期则直接读缓存，因为读缓存就是读内存，同时不会产生 I/O，因此利用缓存机制可以显著提升系统性能。

使用 free 命令可以查看当前内存和缓存的使用情况。

```
[root@instructor ~]# free
              total        used        free      shared  buff/cache   available
Mem:        3848804     1368032     1967184       17752      513588     2222876
Swap:       2097148           0     2097148
```

注意：一般会加上-h 或-m 选项转换单位。

从上面的内容可以看到，"total"列是当前内存的总容量，"used"列是已经使用的容量，"free"列是剩余的内存容量，而"buff/cache"列则是缓存使用的容量。

当页缓存中的数据被修改后，这部分被修改的数据就被称为脏页（Dirty Page）。必须先把脏页写回磁盘，再回收这部分内存页。因为如果太多的脏页没有及时写回磁盘或后端存储，一旦遇到断电的情况，缓存中的数据就会丢失，这会造成数据不一致的严重后果。

通过启用内核线程对脏页进行处理，可以通过调节内核参数来影响该线程对脏页的写入活动，以下 sysctl 参数可以影响线程的脏页写入活动。

vm.dirty_expire_centisecs：脏页被写入磁盘之前可以驻留的最长时间（百分之一秒）。该值越大，脏页驻留的时间越长，丢失数据的风险也会随之提高。

vm.dirty_writeback_centisecs：内核多久唤醒一次刷新脏页的线程。如果将该参数设置为 0，则禁止周期性写入。

vm.dirty_background_ratio：脏页占总内存的百分比，达到该值时，内核会发起异步脏页写入。

vm.dirty_ratio：脏页占总内存的百分比，达到该值时，内核会阻塞新的 I/O 来发起同步脏页写入，这也是为了保证内存中不驻留过多的脏页。

注意：vm.dirty_background_ratio 和 vm.dirty_ratio 这两个参数可以替换成 vm.dirty_background_bytes 和 vm.dirty_bytes。这将会以字节替代百分比，但使用一种参数时，另一种参数则失效。

读者可能会对同步和异步这两种不同的脏页写入参数产生疑问，这里举个例子，假设将 vm.dirty_background_ratio（异步）的值设置为 30%，而将 vm.diry_ratio（同步）的值设置为 60%，那么当脏页达到总内存的 30%时，会发起同步脏页写入，但此时还可以产生新的 I/O，直到脏页占总内存的 60%时，内核会阻塞所有新的 I/O，然后启动同步脏页写入，以防止过多的脏页驻留在内存中。

2．Swap 空间

对于页缓存来说，内核可以定期启用线程把缓存中的数据写回磁盘并释放空间，以达到回收内存的目的。而对于匿名页而言，可以通过交换到 swap 空间来达到回收内存的目的。Swap 空间其实是利用磁盘设备作为内存空间的"补充"。当内存资源不足时，可以把当前内存中不太活跃的页交换到 Swap 空间中，以确保系统不会因为内存不足而导致 OOM 或其他严重后果。

前面提到的 free 命令除了可以查看内存的使用情况，还可以查看 Swap 空间的使用情况。

```
[root@instructor ~]# free
               total        used        free      shared  buff/cache   available
Mem:         3848804     1368032     1967184       17752      513588     2222876
Swap:        2097148           0     2097148
```

还可以使用 swapon -s 命令查看 Swap 空间的详情。例如，当有多个 Swap 空间时，可以查看到优先级。

```
[root@instructor ~]# swapon -s
Filename                                Type        Size     Used    Priority
/dev/dm-1                               partition   2097148  0       -2
```

那么，内核什么时候会使用 Swap 空间呢？最普遍的答案就是当内存资源不足时。有时候会发现，当剩余内存还有很多时，Swap 空间也会被使用。这其实是 Linux 系统通过 vm.swappiness 内核参数控制的。

16.4　回收页缓存与匿名页交换

内存回收有两种方式：回收页缓存与匿名页交换。那么，内核到底倾向于哪种方式呢？这可以通过 vm.swappiness 参数进行控制，该参数的值的范围是 0 ~ 100。

在调节 vm.swappiness 之前，先对匿名页和页缓存做个简单介绍。

匿名页：也称无文件背景的页，和磁盘上的数据没有关联，如堆、栈、数据段等。

页缓存：缓存的是有文件背景的数据。

如果想查看当前系统中 vm.swappiness 的值，可以使用下面的命令：

```
[root@instructor ~]# cat /proc/sys/vm/swappiness
20
```

将该值调节为 60，命令如下：

```
[root@instructor ~]# sysctl  -w  vm.swappiness=60
```

vm.swappiness 的值越接近 100，则内核越倾向于频繁把匿名页交换到 Swap 空间中。既然把匿名页都交换到了 Swap 空间中，就保留了页缓存中的数据，因此其适用于有文件服务器的场景，可以提高文件的 I/O 读写速度。

vm.swappiness 的值越小，则内核越倾向于对页缓存进行回收，这有利于提高响应速度，但每次读取文件时，需要从慢速设备中加载。因此，需要依据不同的应用场景来调节该参数，不可以随意更改。

16.5　OOM Killer

OOM（Out-Of-Memory）Killer 是指当内存资源不足时，内核会随机终止某个进程来达到释放内存的目的，由于是随机的，因此这种方式可能会破坏应用程序，造成数据丢失的严重后果。为了保险起见，可以把参数 vm.panic_on_oom 的值从 0 调整为 1。这样可以确保内存资源不足时，内核不会随意终止某个进程，命令如下：

```
[root@instructor ~]# sysctl  -w  vm.panic_on_oom=1
```

那么，OOM Killer 是如何随机终止某个进程的呢？每个进程都维护着一个存放"坏值"的文件/proc/PID/oom_score。内核利用该文件来确定哪个进程将被终止，该值越大，OOM Killer 就越有可能终止该进程，但 systemd 进程不会被强行终止。

当然，也可以通过手动方式对/proc/PID/oom_score_adj 调节"坏值"，可以调节的值的范围是-1000～1000，默认为 0。如果把某个进程的"坏值"手动调节成-1000，则该进程会免于被强行终止。

16.6　本章小结

内存管理是 Linux 内核的重要工作之一。从进程的角度来看，内存空间是无限大的，这是使用虚拟内存而造成的一种假象。但真正运行进程的是物理内存，因此需要通过查询页表或 TLB 来对虚拟内存进行转换。

内存空间是有限的，需要及时对内存空间进行回收。可以把页缓存中的脏页写回磁盘，也可以把匿名页交换到 Swap 空间中来达到回收内存的目的。管理员需要对这两种回收内存的方式进行有效把控。

读者调查表

尊敬的读者：

　　自电子工业出版社工业技术分社开展读者调查活动以来，收到来自全国各地众多读者的积极反馈，他们除了褒奖我们所出版图书的优点外，也很客观地指出需要改进的地方。读者对我们工作的支持与关爱，将促进我们为您提供更优秀的图书。您可以填写下表寄给我们（北京市丰台区金家村 288#华信大厦电子工业出版社工业技术分社　邮编：100036），也可以给我们电话，反馈您的建议。我们将从中评出热心读者若干名，赠送我们出版的图书。谢谢您对我们工作的支持！

姓名：_____　　　性别：□男　□女　　年龄：_____　　　职业：_____

电话（手机）：_____　　　E-mail：_____

传真：_____　通信地址：_____　　邮编：_____

1. 影响您购买同类图书因素（可多选）：

□封面封底　　　□价格　　　　□内容提要、前言和目录　　□书评广告　□出版社名声

□作者名声　　　□正文内容　　□其他_____

2. 您对本图书的满意度：

从技术角度　　　　　　　　□很满意　　□比较满意　　□一般　　□较不满意　　□不满意

从文字角度　　　　　　　　□很满意　　□比较满意　　□一般　　□较不满意　　□不满意

从排版、封面设计角度　　　□很满意　　□比较满意　　□一般　　□较不满意　　□不满意

3. 您选购了我们哪些图书？主要用途？_____

4. 您最喜欢我们出版的哪本图书？请说明理由。

_____

5. 目前教学您使用的是哪本教材？（请说明书名、作者、出版年、定价、出版社），有何优缺点？

_____

6. 您的相关专业领域中所涉及的新专业、新技术包括：

_____

7. 您感兴趣或希望增加的图书选题有：

_____

8. 您所教课程主要参考书？请说明书名、作者、出版年、定价、出版社。

_____

邮寄地址：北京市丰台区金家村 288#华信大厦电子工业出版社工业技术分社

邮编：100036　　电话：18614084788　　E-mail：lzhmails@phei.com.cn

微信 ID：lzhairs/ 18614084788　　联系人：刘志红